U0156239

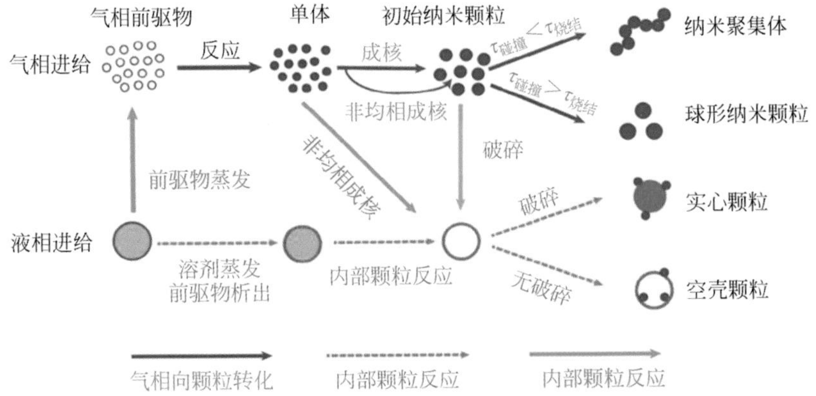

图 1.3　气相或液相进给火焰合成中的颗粒形成过程

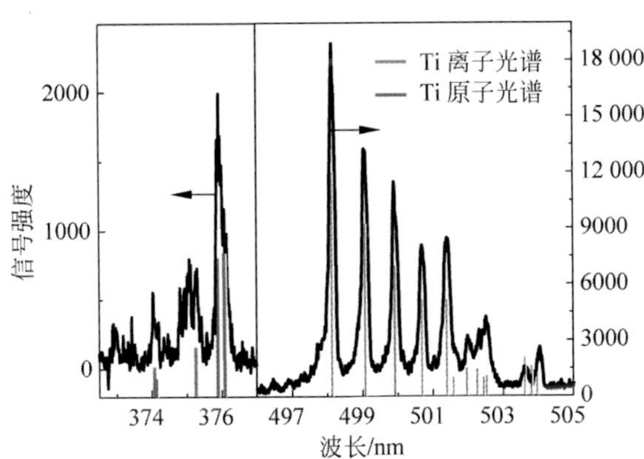

图 2.3　典型的相选择性激光诱导击穿下的特征原子发射光谱和特征离子发射光谱

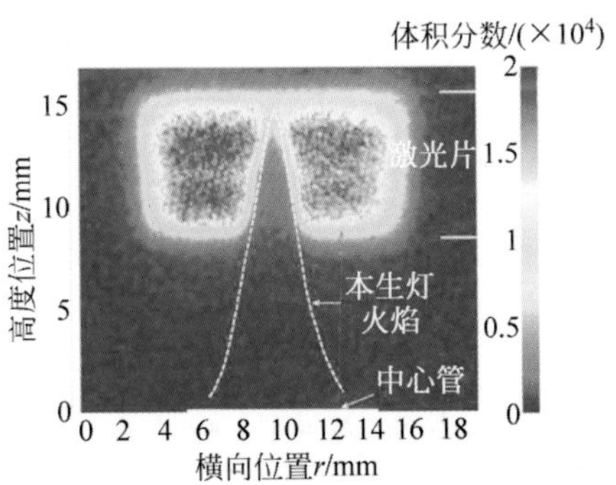

图 2.12　二维相选择性激光诱导击穿光谱的测量结果

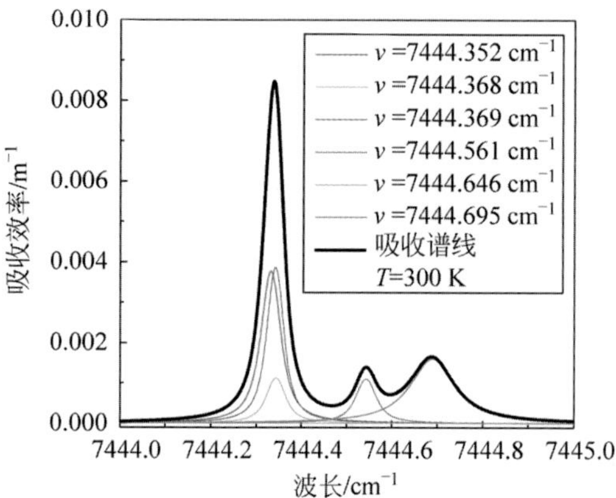

图 2.15 吸收效率与波长之间的关系

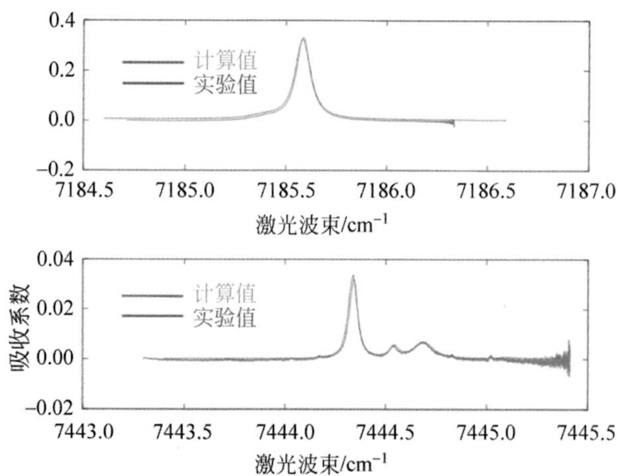

图 2.18 直接测量吸收光谱的测量结果与模拟结果的比较

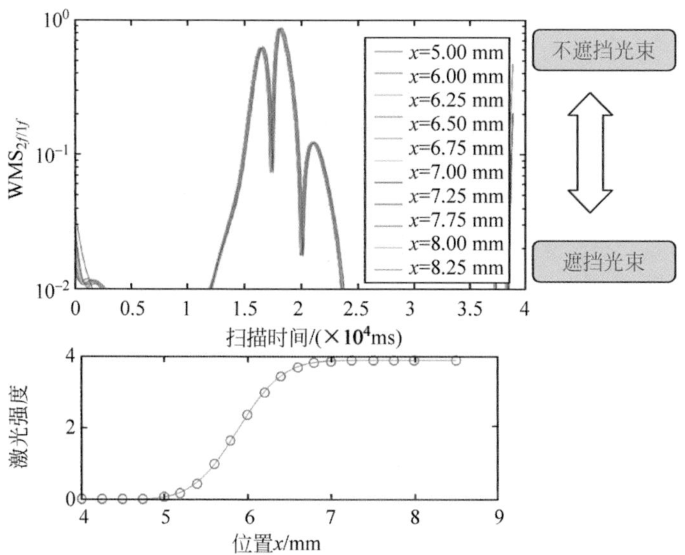

图 2.22　壁面遮挡光束的 WMS 光谱及激光光强在不同遮挡位置下的光强

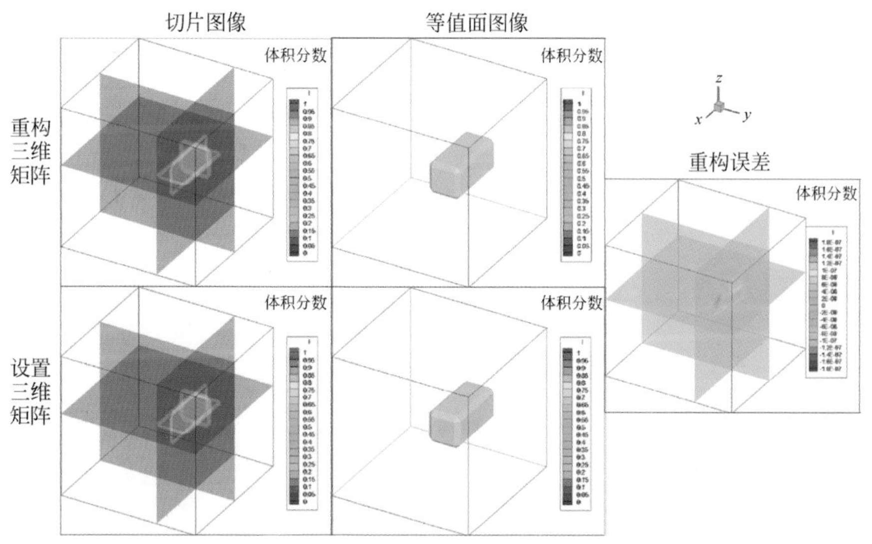

图 2.27　三维设置发光区域的重构结构

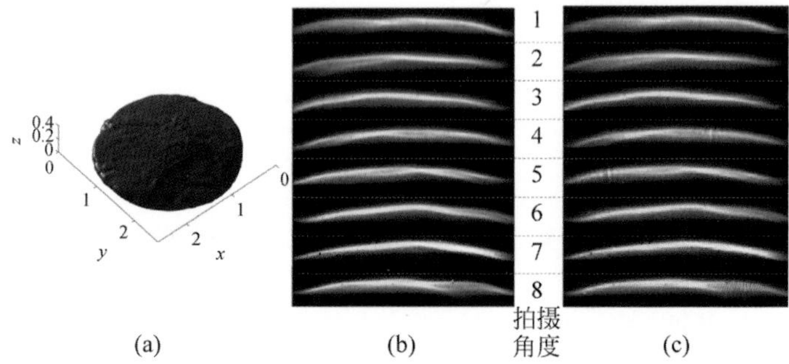

图 2.29　基于重构设置对平面滞止火焰拍照测量

(a) 平面火焰的三维重构结果；(b) 拍摄 8 个角度的火焰图片；

(c) 重构过程后得到的重构火焰图片

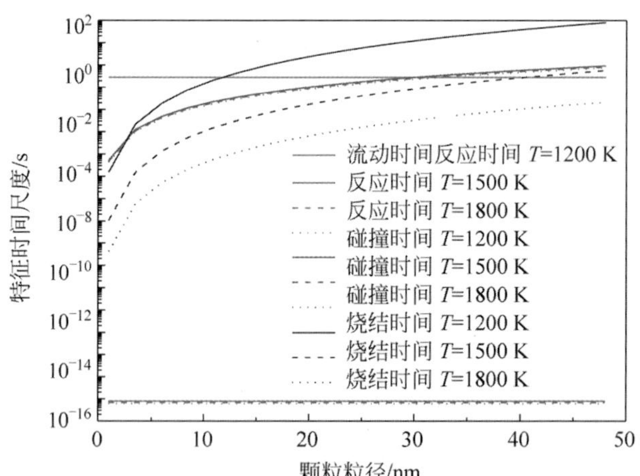

图 3.1　纳米颗粒火焰合成过程的特征时间尺度

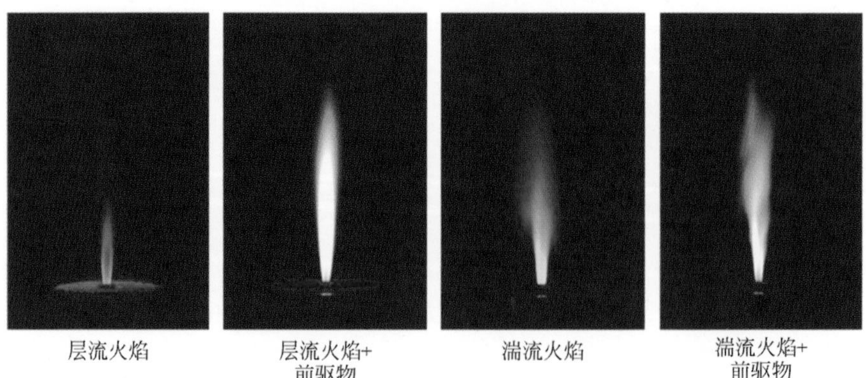

图 3.3　层流和湍流条件下有/无前驱物时的射流扩散火焰形貌

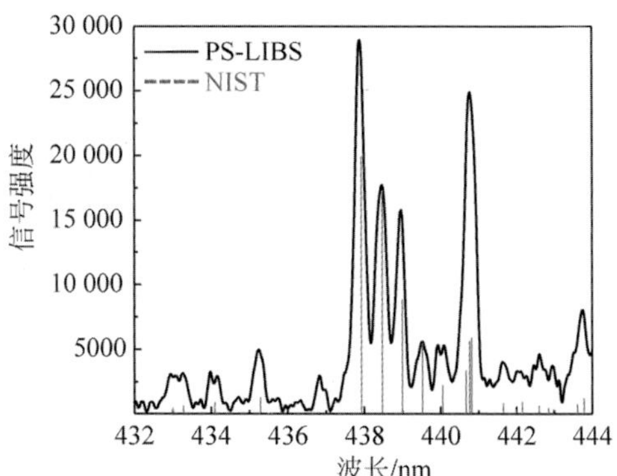

图 3.4 相选择性激光诱导击穿光谱的信号值

黑色线为测量结果，虚线为 NIST 数据库确定的原子光谱结果

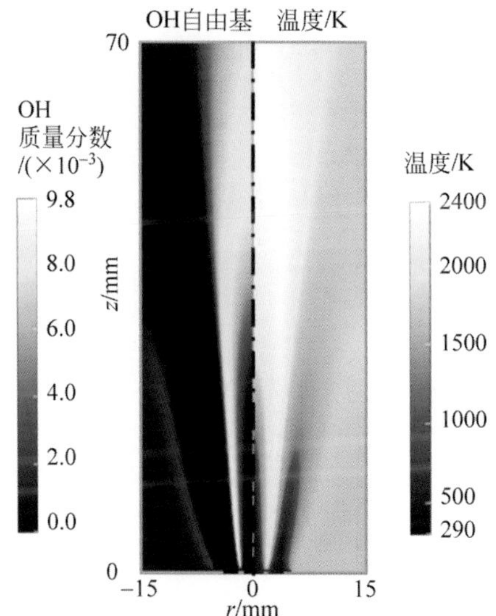

图 3.6 OPENFOAM 模拟得到的层流火焰结构

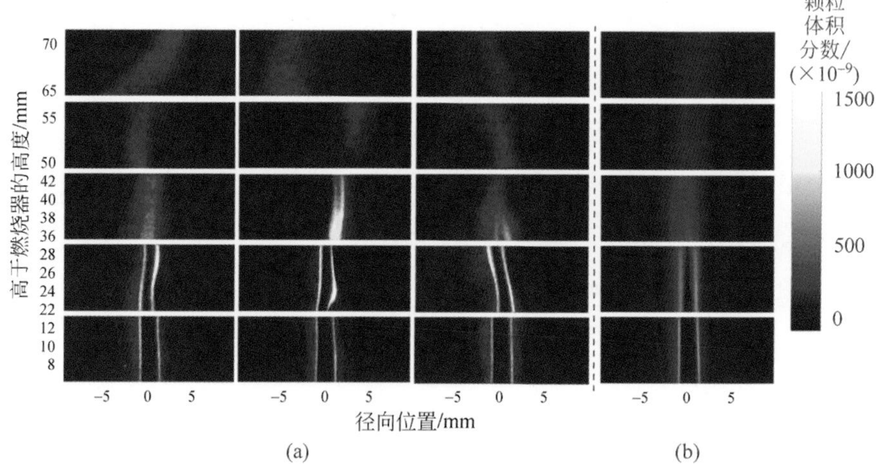

图 3.8　湍流火焰合成情况下的单脉冲测量结果，在不同的高度上拍摄得到瞬态颗粒体积分数分布(a)和 100 张单脉冲图像的平均图像(b)

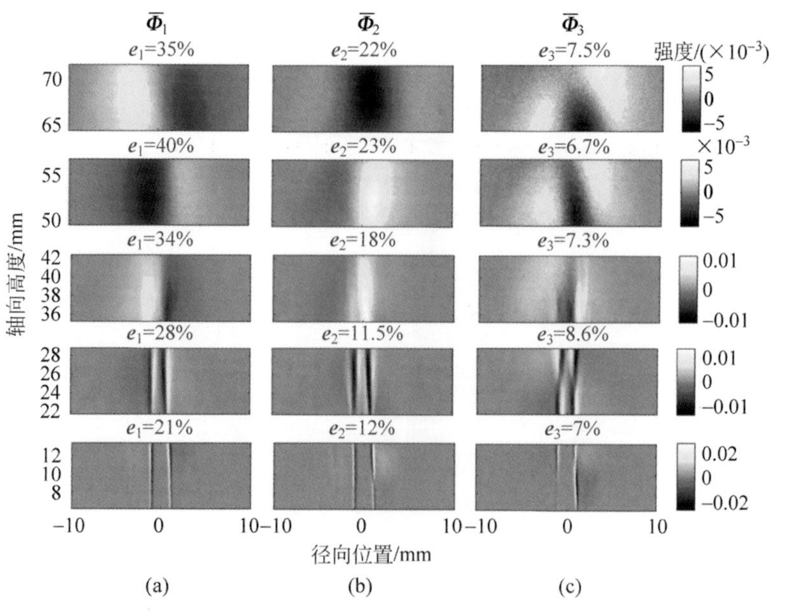

图 3.9　湍流火焰中颗粒体积分数演化的本征正交分解

e_1、e_2 和 e_3 代表这些模态的能量份额

(a) 一阶模态$\bar{\boldsymbol{\Phi}}_1$；(b) 二阶模态$\bar{\boldsymbol{\Phi}}_2$；(c) 三阶模态$\bar{\boldsymbol{\Phi}}_3$

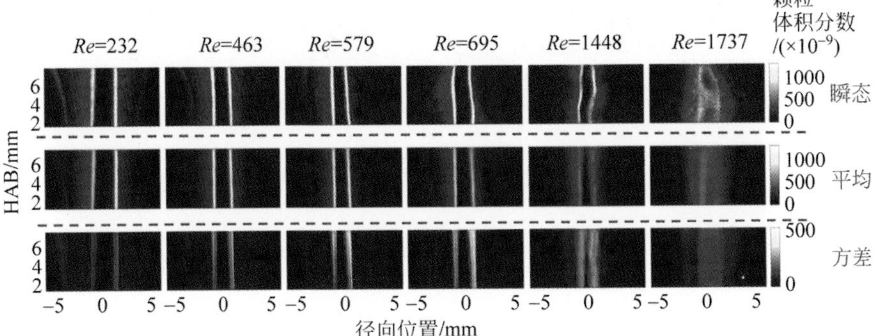

图 3.10 单脉冲相选择性激光诱导击穿光谱的二维测量，在不同雷诺数下颗粒体积分数的瞬态分布、平均值和方差分布

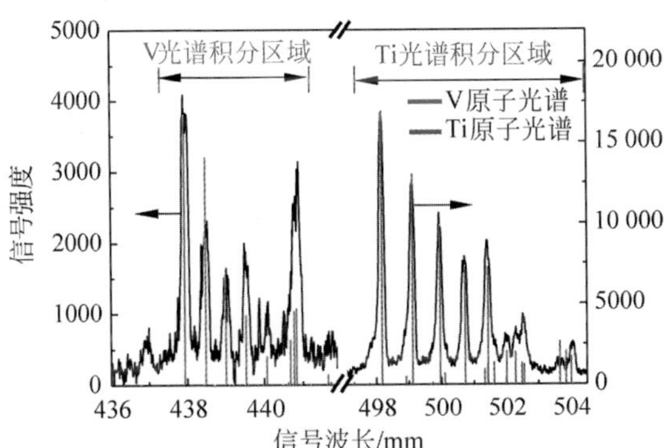

图 3.13 相选择性激光诱导击穿光谱中 V、Ti 原子光谱

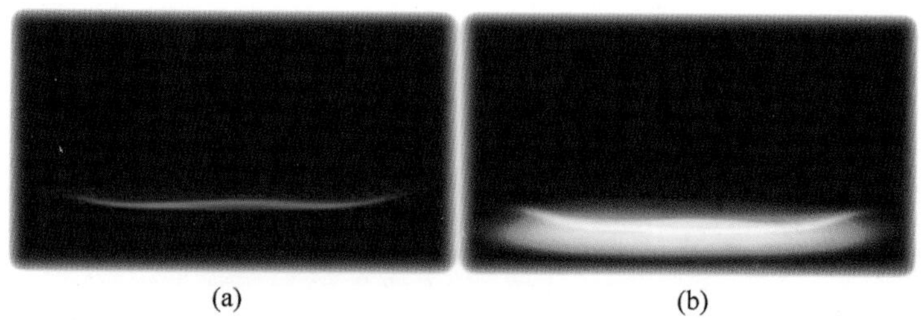

图 4.7 火焰在有无前驱物情况下的实际照片

（a）纯火焰无前驱物；（b）火焰＋前驱物

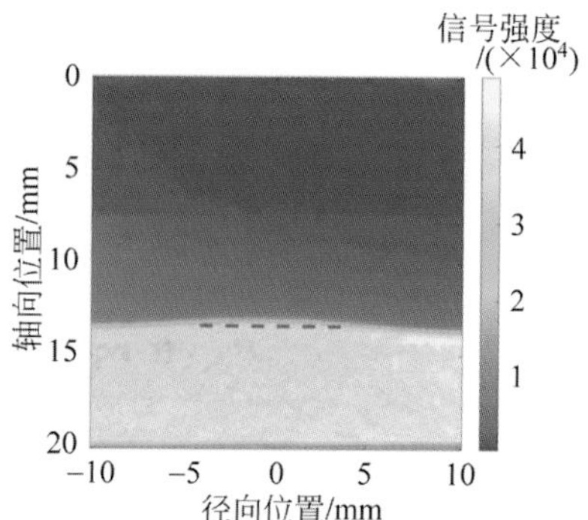

图 4.10 近壁面颗粒沉积的相选择性激光诱导击穿光谱二维测量结果

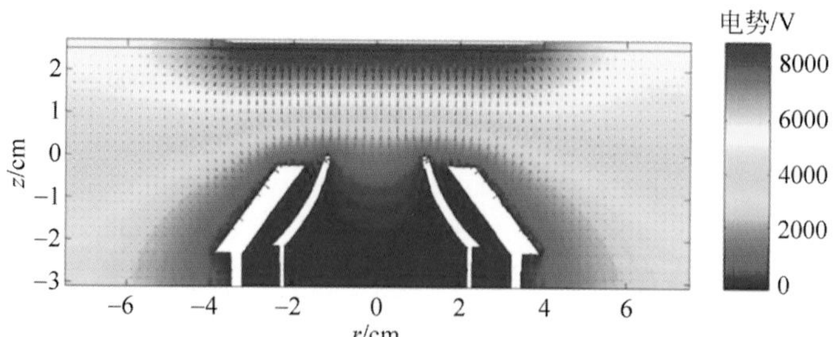

图 5.4 COMSOL 模拟得到的电场图像

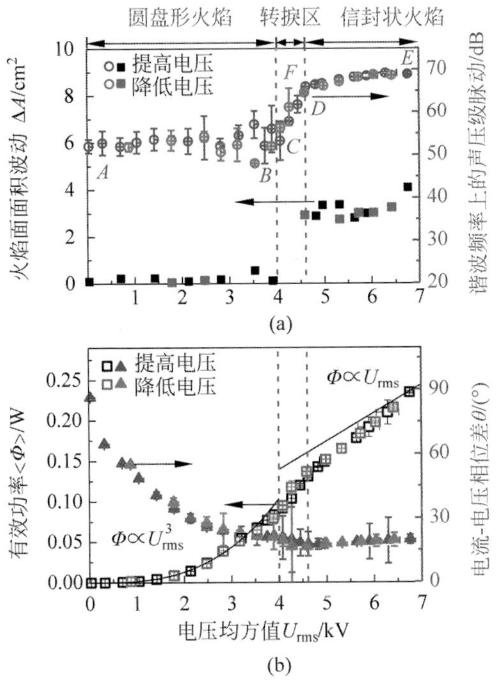

图 5.5　不同交流电压的幅值下，声压级脉动（空心圆）和火焰表面积 ΔA 的变化（实心方块）(a)与可用功率（空心方块）和电流-电压相位差 θ（实心三角）(b)

两条黑色的实线表示三次幂关系$\langle \Phi \rangle \sim U_{rms}^3$和正比关系$\langle \Phi \rangle \sim U_{rms}$

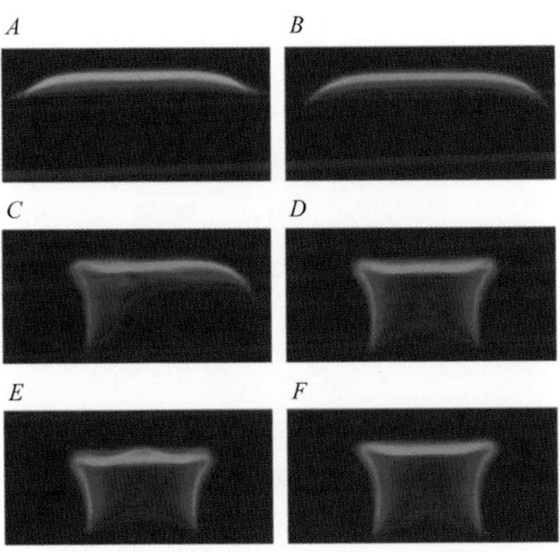

图 5.6　火焰的化学荧光辐射图像

图中 A～F 对应着图 5.5 中 A～F 点

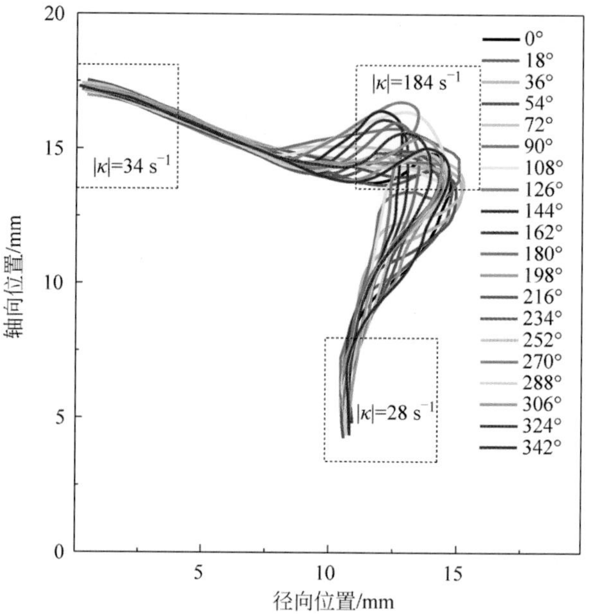

图 5.10　不同相位火焰面轮廓

红色虚框标出了区域内的拉伸率绝对值

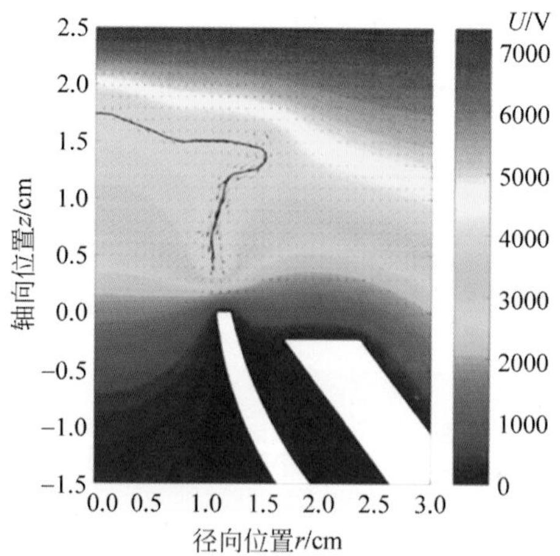

图 5.11　根据简化模型模拟计算得到的最大电压位置时的电势、电流密度分布和火焰面

其中黑线表示火焰形状，云图表示电势分布，蓝色箭头表示电流密度

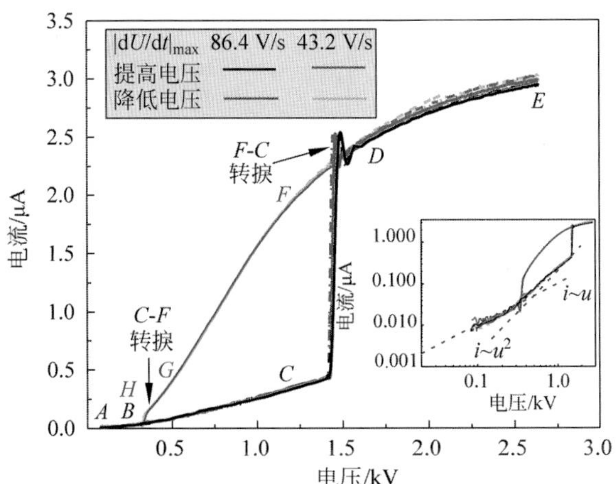

图 5.16 在外加电压作用下,滞止火焰的电流响应

插图表示是相同电流-电压曲线的双对数坐标曲线;
紫色虚线表示拟合的正比趋势线和二次型趋势线

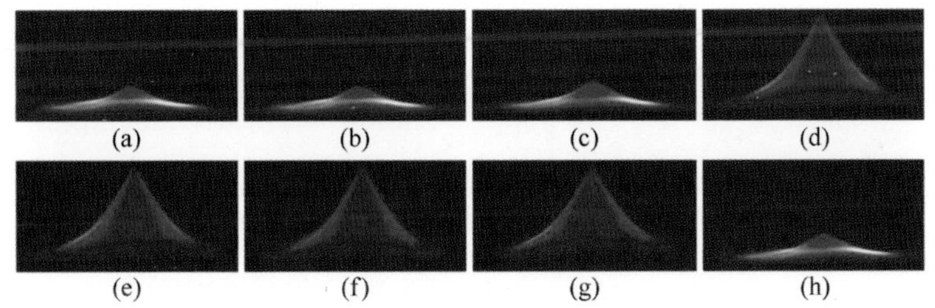

图 5.17 对应图 5.16 中电流-电压曲线上 A～H 点电压下的火焰化学发光图像

(a) A 点电压;(b) B 点电压;(c) C 点电压;(d) D 点电压;
(e) E 点电压;(f) F 点电压;(g) G 点电压;(h) H 点电压
图像为伪彩图,颜色表明火焰化学发光在 431 nm 的辐射强度

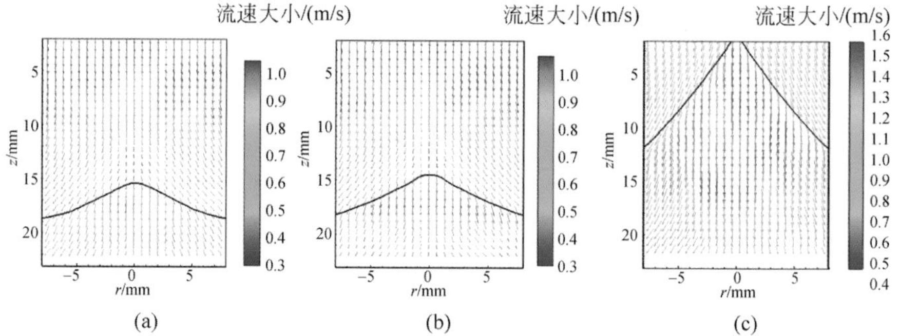

图 5.18　在电压为 0 kV、1.2 kV 和 1.65 kV 时根据图像粒子测速得到的流场

(a) U=0 kV；(b) U=1.2 kV；(c) U=1.65 kV

图中火焰的化学荧光辐射得到的火焰面形状由黑色线表示

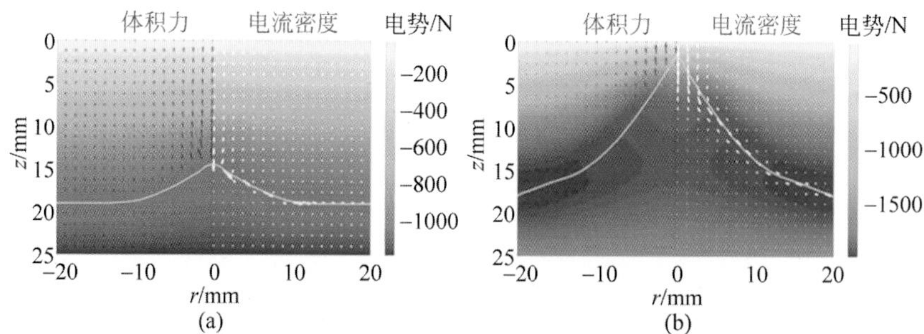

图 5.19　对近平面的火焰面结构中电荷迁移规律进行直接数值模拟的结果

(a) 电压为 1.2 kV；(b) 电压为 1.65 kV

左半部分为电场导致的体积力，右半部分为电流密度，箭头的长度与矢量的幅值大小成比例；图中白色曲线表示由火焰化学荧光辐射得到的火焰面形状

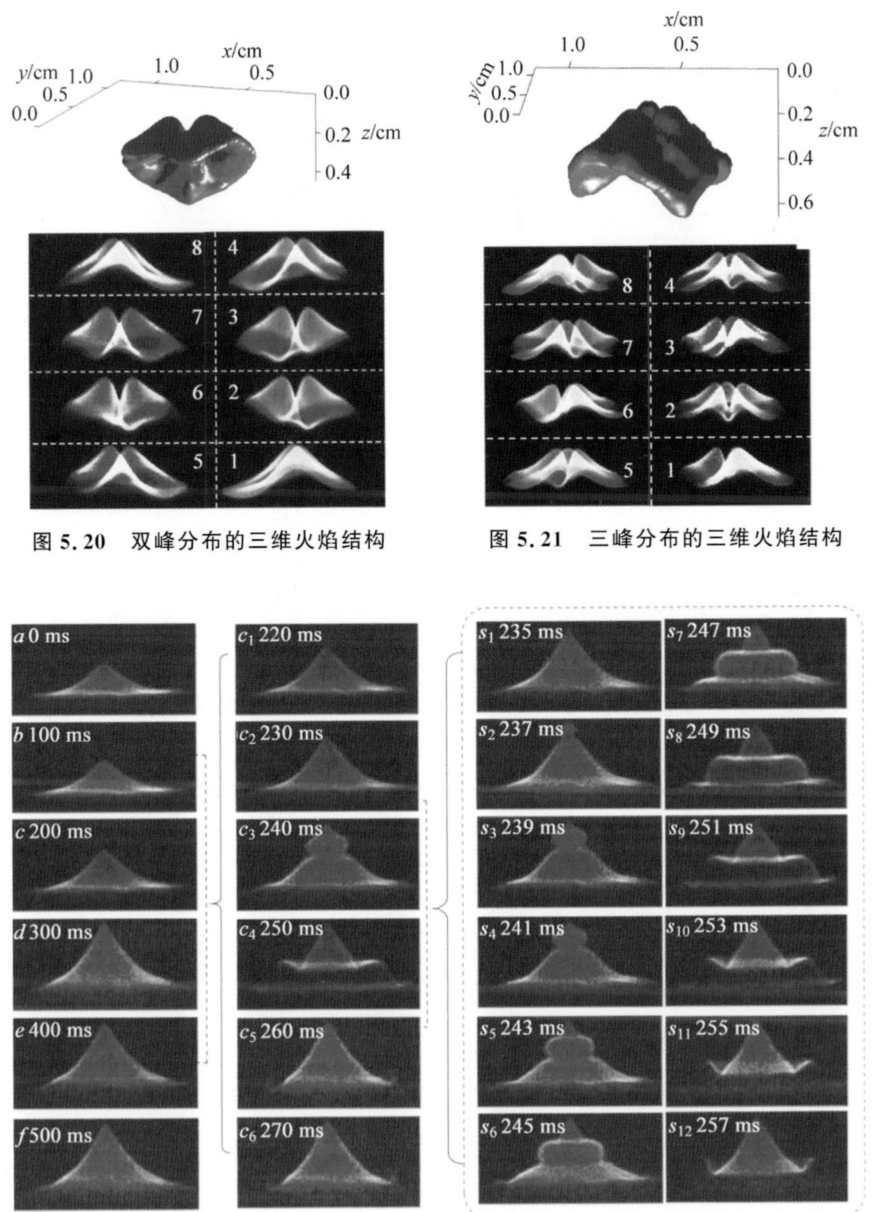

图 5.20　双峰分布的三维火焰结构

图 5.21　三峰分布的三维火焰结构

图 5.23　火焰稳定点动态转捩过程中的化学荧光辐射图像

清华大学优秀博士学位论文丛书

基于气相合成的复杂火焰场在线光学诊断与调控

任翊华（Ren Yihua）著

In-situ Optical Diagnostic and Control of Complex Combustions: A Study of Flame Aerosol Synthesis

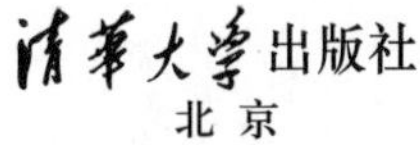

清華大學出版社
北京

内容简介

涉及气相、凝聚相、等离子体的复杂火焰场广泛存在于实际工业燃烧及其调控过程中，如火焰合成纳米颗粒、煤燃烧、燃烧与壁面作用、等离子体及电场助燃等。在这些复杂火焰过程中，物质相态之间的相互作用及转换普遍存在，有很多亟待揭示的基础科学问题。本书结合气相合成这一实际应用所涉及的复杂火焰场，发展了针对性的在线光学诊断方法，探讨了火焰合成中多相态的转化与相互作用，并揭示了固体壁面和等离子体参与的主动调控机理。

图书在版编目(CIP)数据

基于气相合成的复杂火焰场在线光学诊断与调控/任翊华著. —北京：清华大学出版社，2022.12

(清华大学优秀博士学位论文丛书)

ISBN 978-7-302-61999-4

Ⅰ. ①基… Ⅱ. ①任… Ⅲ. ①火焰检测－燃烧过程－光学诊断－燃烧控制－研究 Ⅳ. ①TK16

中国版本图书馆 CIP 数据核字(2022)第 186256 号

责任编辑：黎 强 李双双
封面设计：傅瑞学
责任校对：王淑云
责任印制：丛怀宇

出版发行：清华大学出版社
网　　址：http://www.tup.com.cn，http://www.wqbook.com
地　　址：北京清华大学学研大厦 A 座　　**邮　　编**：100084
社 总 机：010-83470000　　**邮　　购**：010-62786544
投稿与读者服务：010-62776969，c-service@tup.tsinghua.edu.cn
质量反馈：010-62772015，zhiliang@tup.tsinghua.edu.cn
印 装 者：三河市东方印刷有限公司
经　　销：全国新华书店
开　　本：155mm×235mm　**印　　张**：10.75　**插　　页**：7　**字　　数**：193 千字
版　　次：2022 年 12 月第 1 版　**印　　次**：2022 年 12 月第1 次印刷
定　　价：79.00 元

产品编号：089597-01

一流博士生教育
体现一流大学人才培养的高度(代丛书序)[①]

人才培养是大学的根本任务。只有培养出一流人才的高校,才能够成为世界一流大学。本科教育是培养一流人才最重要的基础,是一流大学的底色,体现了学校的传统和特色。博士生教育是学历教育的最高层次,体现出一所大学人才培养的高度,代表着一个国家的人才培养水平。清华大学正在全面推进综合改革,深化教育教学改革,探索建立完善的博士生选拔培养机制,不断提升博士生培养质量。

学术精神的培养是博士生教育的根本

学术精神是大学精神的重要组成部分,是学者与学术群体在学术活动中坚守的价值准则。大学对学术精神的追求,反映了一所大学对学术的重视、对真理的热爱和对功利性目标的摒弃。博士生教育要培养有志于追求学术的人,其根本在于学术精神的培养。

无论古今中外,博士这一称号都和学问、学术紧密联系在一起,和知识探索密切相关。我国的博士一词起源于 2000 多年前的战国时期,是一种学官名。博士任职者负责保管文献档案、编撰著述,须知识渊博并负有传授学问的职责。东汉学者应劭在《汉官仪》中写道:“博者,通博古今;士者,辩于然否。”后来,人们逐渐把精通某种职业的专门人才称为博士。博士作为一种学位,最早产生于 12 世纪,最初它是加入教师行会的一种资格证书。19 世纪初,德国柏林大学成立,其哲学院取代了以往神学院在大学中的地位,在大学发展的历史上首次产生了由哲学院授予的哲学博士学位,并赋予了哲学博士深层次的教育内涵,即推崇学术自由、创造新知识。哲学博士的设立标志着现代博士生教育的开端,博士则被定义为独立从事学术研究、具备创造新知识能力的人,是学术精神的传承者和光大者。

---

① 本文首发于《光明日报》,2017 年 12 月 5 日。

博士生学习期间是培养学术精神最重要的阶段。博士生需要接受严谨的学术训练,开展深入的学术研究,并通过发表学术论文、参与学术活动及博士论文答辩等环节,证明自身的学术能力。更重要的是,博士生要培养学术志趣,把对学术的热爱融入生命之中,把捍卫真理作为毕生的追求。博士生更要学会如何面对干扰和诱惑,远离功利,保持安静、从容的心态。学术精神,特别是其中所蕴含的科学理性精神、学术奉献精神,不仅对博士生未来的学术事业至关重要,对博士生一生的发展都大有裨益。

独创性和批判性思维是博士生最重要的素质

博士生需要具备很多素质,包括逻辑推理、言语表达、沟通协作等,但是最重要的素质是独创性和批判性思维。

学术重视传承,但更看重突破和创新。博士生作为学术事业的后备力量,要立志于追求独创性。独创意味着独立和创造,没有独立精神,往往很难产生创造性的成果。1929 年 6 月 3 日,在清华大学国学院导师王国维逝世二周年之际,国学院师生为纪念这位杰出的学者,募款修造“海宁王静安先生纪念碑”,同为国学院导师的陈寅恪先生撰写了碑铭,其中写道:“先生之著述,或有时而不章;先生之学说,或有时而可商;惟此独立之精神,自由之思想,历千万祀,与天壤而同久,共三光而永光。”这是对于一位学者的极高评价。中国著名的史学家、文学家司马迁所讲的“究天人之际,通古今之变,成一家之言”也是强调要在古今贯通中形成自己独立的见解,并努力达到新的高度。博士生应该以“独立之精神、自由之思想”来要求自己,不断创造新的学术成果。

诺贝尔物理学奖获得者杨振宁先生曾在 20 世纪 80 年代初对到访纽约州立大学石溪分校的 90 多名中国学生、学者提出:“独创性是科学工作者最重要的素质。”杨先生主张做研究的人一定要有独创的精神、独到的见解和独立研究的能力。在科技如此发达的今天,学术上的独创性变得越来越难,也愈加珍贵和重要。博士生要树立敢为天下先的志向,在独创性上下功夫,勇于挑战最前沿的科学问题。

批判性思维是一种遵循逻辑规则、不断质疑和反省的思维方式,具有批判性思维的人勇于挑战自己,敢于挑战权威。批判性思维的缺乏往往被认为是中国学生特有的弱项,也是我们在博士生培养方面存在的一个普遍问题。2001 年,美国卡内基基金会开展了一项“卡内基博士生教育创新计划”,针对博士生教育进行调研,并发布了研究报告。该报告指出:在美国和欧洲,培养学生保持批判而质疑的眼光看待自己、同行和导师的观点同样非常不容易,批判性思维的培养必须成为博士生培养项目的组成部分。

对于博士生而言,批判性思维的养成要从如何面对权威开始。为了鼓励学生质疑学术权威、挑战现有学术范式,培养学生的挑战精神和创新能力,清华大学在2013年发起"巅峰对话",由学生自主邀请各学科领域具有国际影响力的学术大师与清华学生同台对话。该活动迄今已经举办了21期,先后邀请17位诺贝尔奖、3位图灵奖、1位菲尔兹奖获得者参与对话。诺贝尔化学奖得主巴里·夏普莱斯(Barry Sharpless)在2013年11月来清华参加"巅峰对话"时,对于清华学生的质疑精神印象深刻。他在接受媒体采访时谈道:"清华的学生无所畏惧,请原谅我的措辞,但他们真的很有胆量。"这是我听到的对清华学生的最高评价,博士生就应该具备这样的勇气和能力。培养批判性思维更难的一层是要有勇气不断否定自己,有一种不断超越自己的精神。爱因斯坦说:"在真理的认识方面,任何以权威自居的人,必将在上帝的嬉笑中垮台。"这句名言应该成为每一位从事学术研究的博士生的箴言。

提高博士生培养质量有赖于构建全方位的博士生教育体系

一流的博士生教育要有一流的教育理念,需要构建全方位的教育体系,把教育理念落实到博士生培养的各个环节中。

在博士生选拔方面,不能简单按考分录取,而是要侧重评价学术志趣和创新潜力。知识结构固然重要,但学术志趣和创新潜力更关键,考分不能完全反映学生的学术潜质。清华大学在经过多年试点探索的基础上,于2016年开始全面实行博士生招生"申请-审核"制,从原来的按照考试分数招收博士生,转变为按科研创新能力、专业学术潜质招收,并给予院系、学科、导师更大的自主权。《清华大学"申请-审核"制实施办法》明晰了导师和院系在考核、遴选和推荐上的权力和职责,同时确定了规范的流程及监管要求。

在博士生指导教师资格确认方面,不能论资排辈,要更看重教师的学术活力及研究工作的前沿性。博士生教育质量的提升关键在于教师,要让更多、更优秀的教师参与到博士生教育中来。清华大学从2009年开始探索将博士生导师评定权下放到各学位评定分委员会,允许评聘一部分优秀副教授担任博士生导师。近年来,学校在推进教师人事制度改革过程中,明确教研系列助理教授可以独立指导博士生,让富有创造活力的青年教师指导优秀的青年学生,师生相互促进、共同成长。

在促进博士生交流方面，要努力突破学科领域的界限，注重搭建跨学科的平台。跨学科交流是激发博士生学术创造力的重要途径，博士生要努力提升在交叉学科领域开展科研工作的能力。清华大学于2014年创办了“微沙龙”平台，同学们可以通过微信平台随时发布学术话题，寻觅学术伙伴。3年来，博士生参与和发起“微沙龙”12 000多场，参与博士生达38 000多人次。“微沙龙”促进了不同学科学生之间的思想碰撞，激发了同学们的学术志趣。清华于2002年创办了博士生论坛，论坛由同学自己组织，师生共同参与。博士生论坛持续举办了500期，开展了18 000多场学术报告，切实起到了师生互动、教学相长、学科交融、促进交流的作用。学校积极资助博士生到世界一流大学开展交流与合作研究，超过60%的博士生有海外访学经历。清华于2011年设立了发展中国家博士生项目，鼓励学生到发展中国家亲身体验和调研，在全球化背景下研究发展中国家的各类问题。

在博士学位评定方面，权力要进一步下放，学术判断应该由各领域的学者来负责。院系二级学术单位应该在评定博士论文水平上拥有更多的权力，也应担负更多的责任。清华大学从2015年开始把学位论文的评审职责授权给各学位评定分委员会，学位论文质量和学位评审过程主要由各学位分委员会进行把关，校学位委员会负责学位管理整体工作，负责制度建设和争议事项处理。

全面提高人才培养能力是建设世界一流大学的核心。博士生培养质量的提升是大学办学质量提升的重要标志。我们要高度重视、充分发挥博士生教育的战略性、引领性作用，面向世界、勇于进取，树立自信、保持特色，不断推动一流大学的人才培养迈向新的高度。

邱勇

清华大学校长

2017年12月5日

丛书序二

以学术型人才培养为主的博士生教育，肩负着培养具有国际竞争力的高层次学术创新人才的重任，是国家发展战略的重要组成部分，是清华大学人才培养的重中之重。

作为首批设立研究生院的高校，清华大学自20世纪80年代初开始，立足国家和社会需要，结合校内实际情况，不断推动博士生教育改革。为了提供适宜博士生成长的学术环境，我校一方面不断地营造浓厚的学术氛围，一方面大力推动培养模式创新探索。我校从多年前就已开始运行一系列博士生培养专项基金和特色项目，激励博士生潜心学术、锐意创新，拓宽博士生的国际视野，倡导跨学科研究与交流，不断提升博士生培养质量。

博士生是最具创造力的学术研究新生力量，思维活跃，求真求实。他们在导师的指导下进入本领域研究前沿，吸取本领域最新的研究成果，拓宽人类的认知边界，不断取得创新性成果。这套优秀博士学位论文丛书，不仅是我校博士生研究工作前沿成果的体现，也是我校博士生学术精神传承和光大的体现。

这套丛书的每一篇论文均来自学校新近每年评选的校级优秀博士学位论文。为了鼓励创新，激励优秀的博士生脱颖而出，同时激励导师悉心指导，我校评选校级优秀博士学位论文已有20多年。评选出的优秀博士学位论文代表了我校各学科最优秀的博士学位论文的水平。为了传播优秀的博士学位论文成果，更好地推动学术交流与学科建设，促进博士生未来发展和成长，清华大学研究生院与清华大学出版社合作出版这些优秀的博士学位论文。

感谢清华大学出版社，悉心地为每位作者提供专业、细致的写作和出版指导，使这些博士论文以专著方式呈现在读者面前，促进了这些最新的优秀研究成果的快速广泛传播。相信本套丛书的出版可以为国内外各相关领域或交叉领域的在读研究生和科研人员提供有益的参考，为相关学科领域的发展和优秀科研成果的转化起到积极的推动作用。

感谢丛书作者的导师们。这些优秀的博士学位论文,从选题、研究到成文,离不开导师的精心指导。我校优秀的师生导学传统,成就了一项项优秀的研究成果,成就了一大批青年学者,也成就了清华的学术研究。感谢导师们为每篇论文精心撰写序言,帮助读者更好地理解论文。

感谢丛书的作者们。他们优秀的学术成果,连同鲜活的思想、创新的精神、严谨的学风,都为致力于学术研究的后来者树立了榜样。他们本着精益求精的精神,对论文进行了细致的修改完善,使之在具备科学性、前沿性的同时,更具系统性和可读性。

这套丛书涵盖清华众多学科,从论文的选题能够感受到作者们积极参与国家重大战略、社会发展问题、新兴产业创新等的研究热情,能够感受到作者们的国际视野和人文情怀。相信这些年轻作者们勇于承担学术创新重任的社会责任感能够感染和带动越来越多的博士生,将论文书写在祖国的大地上。

祝愿丛书的作者们、读者们和所有从事学术研究的同行们在未来的道路上坚持梦想,百折不挠!在服务国家、奉献社会和造福人类的事业中不断创新,做新时代的引领者。

相信每一位读者在阅读这一本本学术著作的时候,在吸取学术创新成果、享受学术之美的同时,能够将其中所蕴含的科学理性精神和学术奉献精神传播和发扬出去。

姚期

清华大学研究生院院长

2018年1月5日

摘　要

涉及气相、凝聚相、等离子体相的复杂火焰场广泛存在于实际工业燃烧及其调控过程中，如火焰合成纳米颗粒、煤燃烧污染物生成、燃烧与壁面相互作用、等离子体及电场助燃等。在这些复杂火焰场中，不同物质相态之间的相互作用及转换普遍存在，有很多亟待揭示的基础科学问题。本书结合气相合成这一实际应用所涉及的复杂火焰场，发展了针对性的在线光学诊断方法，探讨了火焰合成中多相态的转化和相互作用，并揭示了固体壁面和火焰等离子体参与的主动调控机理。

本书首先发展了针对复杂火焰场的在线光学诊断方法。针对气相-颗粒相环节，研究揭示了相选择性激光诱导击穿光谱的激发-烧融-击穿物理机制，并将其发展为一种可以测量气相向颗粒相转化并定量诊断颗粒体积分数的多维在线光学诊断方法。针对气相-壁面环节，实现了与绝对光强无关的波长调制吸收光谱测量，并将其用于激光束遮挡的近壁面测量。针对气相-等离子体环节，将火焰化学荧光辐射光谱与化学电离过程相关联，在轴对称和非轴对称下发展了火焰多维重构技术。

在气相-颗粒环节，研究了对实际工业意义重大的湍流火焰合成和掺杂合成系统。首次测量了湍流火焰合成纳米颗粒体积分数的瞬态分布。其本征正交分解表明，湍流火焰通过脉动火焰面影响初始颗粒形成，下游大尺度的湍流涡结构决定了颗粒的稀释与混合。对于掺杂合成系统，V、Ti 各自的相选择性激光诱导击穿光谱表明它们在成核后开始掺杂及发生能带变化，并且不同元素的信号强度比值可以直接反映金属元素在凝聚相中的比例。

在气相-壁面环节，研究了壁面调控下的滞止火焰合成系统，探讨了壁面对火焰结构与稳定性的影响，进而分析了滞止壁面对颗粒生成及沉积的调控机制。局部无量纲 Karlovitz 数小于 1 可以作为滞止火焰的稳定性判据。首次实现了对滞止火焰场内颗粒沉积过程的二维测量，发现低温壁面有抑制颗粒烧结、促进边界层聚集和沉积的作用。

在气相-等离子体环节,重点探讨了火焰等离子体在电场下对燃烧稳定性的调控机制。研究探讨了外加交流电场对火焰造成的主动脉动,发现独特的电致火焰热声振荡现象,这为燃烧主动调控提供了新的思路。火焰在电场下的复杂脉动行为源自等离子体与气体在电场下发生的双向耦合作用,在一定条件下该作用可以直接表现为一种全新的电动流体力火焰不稳定性。

关键词:复杂火焰场;在线光学诊断;火焰合成;燃烧调控

Abstract

Some practical combustion processes, such as flame synthesis of nanomaterials, coal combustion, flame-wall interactions, electric-field and plasmas assisted combustion, etc. , usually involve complex co-existing phases of gas, condensed and plasma, which are termed as complex combustion. For the interactions and transitions among different phases, many basic scientific issues urgently needs to be addressed. This book, focusing on the flame synthesis of nanomaterials, the author develops in-situ laser/optical diagnostics for complex multiphase combustion systems, studies the phase transformation and transportation in flame synthesis, and reveals the controlling mechanisms of complex flame dynamics by solid walls or flame plasmas.

The first part of this book concentrates on the development of the novel laser/optical diagnostic methods for complex systems involving gas, condensed and plasma phases. Firstly, the underlying absorption-ablation-excitation mechanism of a novel phase-selective laser induced breakdown spectroscopy (PS-LIBS) is elaborately uncoverred. This new PS-LIBS is further successfully developed into a multidimensional diagnostic method for demonstrating the gas-to-particle conversion with atomic information and for quantifying the particle volume fractions. Then, for near-wall flame measurements, a wavelength modulation spectroscopy (WMS) in absence of non-absorption transmission losses is developed and utilized in beam-cutting diagnostics. Thirdly, for the flame plasma measurements, the chemiluminescence from CH radicals, closely related to the chemi-ionization process, is detected and tomographic reconstructed in both axisymmetric and non-axisymmetric cases. Detailed applications of these novel diagnostic methods are given below.

In the flame aerosol synthesis involving both gases and particles, this book studies the turbulent flame synthesis and doping synthesis, both of which play important roles in practical industrial processes. The single-shot two-dimensional measurement of nanoparticle distributions in turbulent combustions is achieved for the first time by the PS-LIBS. The proper orthogonal decomposition (POD) analyses of the PS-LIBS snapshots further reveal that the particle volume fraction fluctuations originate from the unsteady flame surface at the upstream and large-scale mixing at the downstream. In the doping synthesis system, the atomic emissions of V and Ti from PS-LIBS suggest a bandgap shift process because of their rapid collisions and doping at the nucleation stage. The PS-LIBS signal ratios between different elements can quantitatively reflect in-situ element ratios in the condensed phase.

In the stagnation flame synthesis involving gases and solid walls, the present work investigates the effect of substrate on the flame structure and the extinction limit, as well as on the formation and deposition of the nanoparticles. The near-unity local Karlovitz number (Ka_L) can be regarded as the extinction criterion at various heat fluxes. The deposition of flame-synthesized nanoparticles onto the substrate is imaged by two-dimensional PS-LIBS. The low-temperature substrate can inhibit the nanoparticle coalescence, induce the gathering of nanoparticles at the boundary layers, and promote their thermophoretic deposition.

In the electric-field assisted flame synthesis involving plasmas and gases, the present work focuses on the manipulation of electric fields on flame dynamics. A low-frequency AC electric field can actively manipulate a stagnation flame and cause thermoacoustic oscillations, which provides a promising active control method of suppressing original flames fluctuations. The complex flame dynamics under electric fields is caused by a two-way interaction between gases and plasmas. The interaction can form a positive feedback loop and leads to a novel electro-hydrodynamic flame instability.

Keywords: complex combustions; in-situ laser diagnostics; flame aerosol synthesis; combustion control

目 录

第1章　引　　言

1.1　研究背景与意义

涉及气相、凝聚相、等离子体相的复杂火焰场(complex combustion)广泛存在于实际工业生产,如纳米功能材料的火焰合成、电场及等离子体控制燃烧、煤燃烧污染物生成等过程中。在这类多相构成的复杂火焰场中,不同相态物质之间的相互作用及转换直接决定了燃烧产物、效率与稳定性。在燃煤形成超细颗粒物以及纳米功能材料的火焰合成过程中,气相向凝聚相颗粒的转化是决定颗粒物浓度的重要环节,气相火焰场也会通过温度历史来影响颗粒的生成与长大;在现代紧凑布置的燃烧装置中,高热流密度的凝聚相壁面可以直接淬灭火焰,气相自由基直接与壁面反应可能导致不完全燃烧和积炭生成;在气相火焰燃烧过程中,气相自由基分子可以通过化学电离产生等离子体;而在引入外在电场对燃烧反应途径进行调控时,又可以将外加放电或者化学电离产生的等离子体作用于气相火焰。理解这些作用与转化对于进一步实现燃烧途径的主动调控起到了至关重要的作用,因而也越来越得到国内外学界的密切关注。由于其中物理过程复杂又涉及多种相态物质,在线光学诊断在复杂火焰场的研究中必不可少。因此,针对经典的复杂火焰场环境,研究针对性的在线光学诊断方法,并据此分析其中的关键机制,对理解物理过程以及实施主动调控有着十分基础而重要的意义。本书以气相火焰合成为基础,关注该复杂火焰场中气相火焰生成凝聚相颗粒物、凝聚相壁面和等离子体的主动调控机制。

1.1.1　典型技术背景

现代纳米技术的发展对医药、催化、电子和材料领域产生了长远而深刻的影响。目前,许多纳米颗粒产物包括炭黑(carbon black)、锻制二氧化硅(SiO_2)、二氧化钛(TiO_2)和光纤在工业上的规模化生产都是通过火焰气溶胶合成的[1-2]。世界范围内主要的生产商包括卡博特(Cabot)、科斯特

(Cristal)、哥伦比亚(Columbia)、德固赛(Degussa)、杜邦(DuPont)、赢创(Evonik)和石原产业株式会社(Ishihara)等，每年的产值达到 150 亿美元。相对于湿式化学合成途径，如凝胶-溶胶法、水热法等，火焰气溶胶合成方法在产量规模化、废物处理过程、能源节约等方面都表现出极大的优势[1,3]。近年来，对纳米功能材料的性能需求从简单的单一相态组分物质，逐渐转向复杂的多元素掺杂物质。而火焰环境恰恰为快速、单步的元素混合过程提供了基础，可以实现在纳米尺度甚至原子尺度的掺杂。火焰合成得到的多元素掺杂纳米材料在光电转化、催化反应、传感器、光致分解等领域受到业界和学界的广泛关注。例如，V_2O_5-TiO_2、Pd-TiO_2、Pd-CeO_2 等是重要的纳米能源催化剂，Fe-TiO_2、Au-ZnO、Ag-ZnO 等可以用于光电转化，钇铝石榴石(YAG)及其掺杂物为红外光学材料的主要成分，Pt-TiO_2 等担载型纳米材料可用于气体传感器，$LiCoO_2$、$Li_4Ti_5O_{12}$、$LiFePO_4$ 以及相应的含碳掺杂物可用作储能系统中的电极材料。

本书主要关注的是金属氧化物 TiO_2、V_2O_5 及其掺杂混合物。TiO_2 由于具有较大的比表面积和较宽的能带，因此在光致清洁能源和环保技术领域得到了广泛应用。目前，TiO_2 已经被应用于染料敏化太阳能电池、有机物降解、催化燃烧、光致分解水和传感器等器件和过程中。美国斯坦福大学王海课题组制备了 TiO_2 薄膜用于 CO 气体检测，表现出极好的选择性和稳定性[4]。TiO_2 还可以作为载体与其他元素掺杂制备，进一步提高纳米材料性能。例如，Pd 的团簇担载在 TiO_2 之上，可以有效降低 CH_4 催化燃烧的点火温度[5-6]；Au 的纳米团簇担载在 TiO_2 载体上，能有效氧化 CO[7]，也可以实现光催化制氢[8]；TiO_2 与 V_2O_5 的混合掺杂则可以成为选择性催化还原(selective catalytic reduction，SCR)NO_x 的主要成分；苏黎世理工大学 Pratsinis 课题组曾经针对更高端钒钛类催化剂进行了一定的探索，使中试实验台的产量达到了 200 g/h，产物的还原 NO_x 效率达到了传统还原方法的两倍[9]。以上这些纳米材料的产物粒径、晶格以及掺杂情况，与其成核、碰撞、聚并等颗粒动力学行为直接相关，并明显受火焰场中温度历史的影响。因此，在这一单步快速合成过程中，对火焰场环境实现有效调控，从而对产物性质、形貌等进行主动控制，在实际工业应用中极其重要。

燃烧过程的主动调控方法很多，其中应用于火焰气溶胶合成工艺的主要包括添加固体壁面改变温度历史和外加电场或等离子体改变燃烧结构。

对于第一种方法，滞止板可以创造低速流场区域，用于直接稳定火焰，同时提供高达 5×10^4 K/cm 的温度梯度，可以有效调控颗粒的温度历史，较大的温度梯度还可以促进纳米颗粒的热泳沉积，因而采用滞止板作为纳米颗粒的一种主要收集措施，也可直接制备纳米薄膜，并且作为电场的电极[1]。第二种调控方法是外加电场，其对火焰合成的主动调控途径包括三方面：①与火焰等离子体作用形成离子风，改变火焰场环境，进而影响纳米颗粒的输运过程；②直接与纳米颗粒作用，在纳米颗粒上外加一个电迁移力[1]；③依靠静电分散改变颗粒的聚并速率。Kammler 等在一个产量为 87 g/h 的中试实验台上利用针电极的电晕放电将颗粒粒径减小了 50%[10]。然而，该调控机制仍然停留在唯象层面，其内在调控物理机制尚不明确。

从技术应用的角度，无论气相火焰合成过程本身，还是对燃烧过程的主动调控，都亟须在线、原位的光学诊断。一方面，在实验室研究以及规模化的火焰合成过程中，在线光学诊断可以帮助反应器设计与控制模型建立；另一方面，在壁面或外加电场调控的过程中，解析复杂火焰场中不同相态物质相互作用与转化的物理机制，进而实现更好的鲁棒控制，光学测量方法同样不可或缺。

1.1.2　科学问题及其普遍意义

更普遍的意义上，火焰合成在线光学诊断以及主动调控所涉及的气相-凝聚相-等离子体相的相互作用与转化，广泛存在于火焰合成外的其他非均相复杂火焰场体系中。而这些研究领域也同样受到广泛关注。国家自然科学基金委员会工程与材料学部的“十三五”项目规划提出了将支持“多相流热物理”的研究，并重点支持基于“非平衡等离子体”“催化燃烧”等新型燃烧技术的反应途径调控。根据不同相态的相互作用机理，典型的复杂火焰场及物理过程如图 1.1 所示。

气相与凝聚相颗粒的作用还存在于煤燃烧和生物质颗粒物生成过程中[11-13]。超细颗粒物在锅炉中的析出、长大、迁移和沉积等过程，直接导致了换热器的积灰结渣以及 PM 2.5 的排放问题。其物理本质与气相火焰合成过程类似，都存在挥发分以气态析出后，赋存的金属元素核化、碰撞聚并、逐渐长大直至最终沉积。目前，这种涉及多元素、多相态的高温燃烧环境仍然难以预测，亟须在线的激光诊断提供在线组分测量方面的支持。

气相与凝聚相壁面的作用同样包含了火焰与壁面相互作用(flame-wall interaction，FWI)问题[14]。现代内燃机、燃气轮机的燃烧室逐渐趋向紧凑

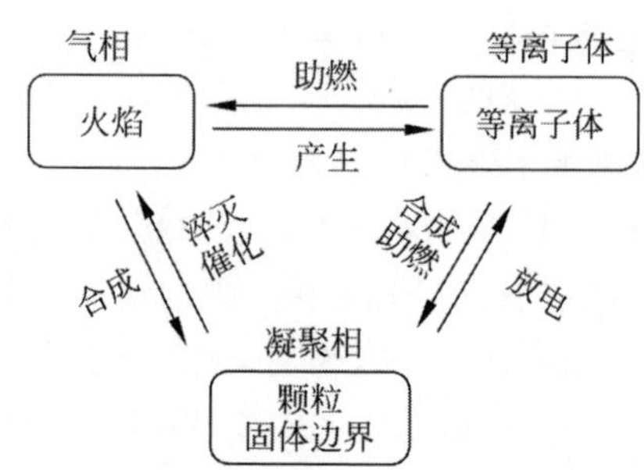

图 1.1 气相-等离子体-凝聚相的复杂火焰场及物理过程

型设计,固体壁面对火焰拉伸、淬灭的作用越来越重要。受限于几何空间,近壁面的测量一直是光学诊断领域的一大难点,这直接导致了对近壁面燃烧过程的理解缺失。此外,相关的物理过程还包括非均相催化燃烧反应过程,该过程通过非均相反应可以有效降低燃烧所需活化能和反应温度[15-17]。

等离子体与气相火焰的相互作用已经成为燃烧反应途径调控的重要方法之一。等离子体产生的化学效应、热效应和输运效应可以有效提供火焰稳定所需的自由基、热量与流场[18]。在更为一般性的体系中,等离子体与凝固相颗粒也会产生直接作用。等离子体合成过程直接将电极烧融至生成金属蒸气,再使其成核聚并长大为纳米颗粒。对于可燃颗粒,等离子体可以在很窄的空间内提供足够的化学自由基和热量,促使颗粒快速点火。针对这些高温、复杂、多相态过程的在线光学诊断是对其进行机理研究与过程控制的基础,具有十分重要的学术和工程意义。

由以上分析可见,复杂火焰场广泛存在于各类工业过程中,物理机制复杂,普遍存在相态之间的作用和转化,仍然有待进一步研究。因此,本研究以气相火焰合成系统为基础,发展在线光学诊断方法,并研究主动调控机制,不仅在火焰合成领域具有极其重要的指导意义,也对其他重要的复杂火焰场具有普遍性的科学意义。

1.2 研究现状

1.2.1 在线光学诊断

为了实现复杂火焰场的主动调控,需要理解其中的物理过程与机制,而在线光学诊断是不可或缺的。自从 1960 年 Maiman 研发出第一台激光器之后[19]，以激光为核心的在线光学诊断方法被广泛应用于气相热流体领域，并在21世纪逐渐发展成为燃烧学科内的一个独立研究领域。其最大的优势在于对待测流场的干扰几乎可以忽略不计，同时保证测量的原位和在线特性。Dreizler和Böhm在2013年国际燃烧学大会报告上提出了未来激光诊断发展的3个主要目标[14]：

(1) 进行多参数、多维度的测量以提高对燃烧过程的基础理解并进一步验证数值模型；

(2) 开发多相态同时存在的先进光学诊断方法；

(3) 最小化诊断干扰，借此实现对实际燃烧系统的监测和主动调控。

其中第一个研究方向是对现有光学诊断技术在测量参数和测量维度上的进一步拓展；第二个方向则是全新的研究领域，实际光学测量在多相复杂燃烧过程领域的研究相对较少，尚需进一步研究；第三个方向明确指出了燃烧诊断的未来是与主动调控相结合。本书将主要针对第二个目标，开发针对多相复杂火焰场的诊断技术，进而在实验室燃烧环境尝试主动调控，为第三个目标进行铺垫。按照测量相态的不同，可以将已有的主要复杂火焰场在线光学诊断技术分为三类，如图1.2所示。

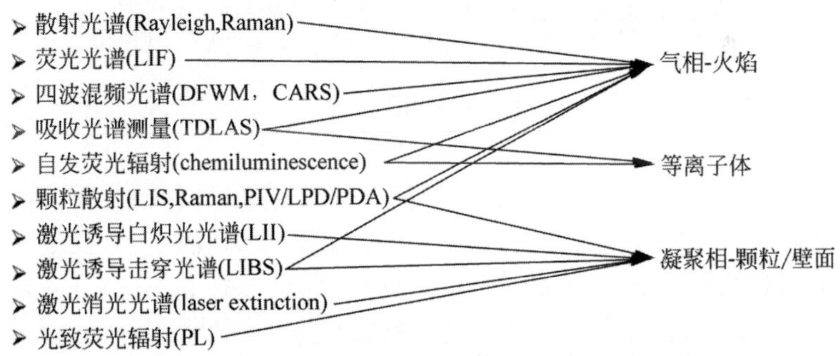

图1.2 已有的主要复杂火焰场在线光学诊断技术

第一个方向是针对气相火焰的在线光学诊断技术。这是相对发展最为完善的领域。针对气相的激光诊断技术主要分为吸收光谱和发射光谱两类。吸收光谱是指测量光线在通过特定气体前后的变化值；发射光谱则是测量光线与待测气体分子相互作用后该分子发射的光谱信号。一般来说，吸收光谱测量的是激光强度变化，一般信号较强，可直接由光电倍增管测量，所需激光强度一般较弱。而发射光谱则需要较强的短时间激光脉冲(laser pulse)作用于待测分子，所得到的信号较弱，需要特定的收集光路与增强型电荷耦合器件(itensified charge coupled device,ICCD)进行探测。

可调谐二极管激光吸收光谱技术(tunable diode laser absorption spectrcopy,TDLAS)是一种广泛应用于气相分子诊断的吸收光谱技术。它指的是利用二极管激光器可以通过电流控制激光强度和波长。在分子发生特定振动或转动能级跃迁的时候,利用可变波长激光测量得到完整的分子吸收谱线[20]。这种技术主要进行的是原位、在线以及视线积分(line-of-sight,LOS)的测量,可以得到温度、组分浓度、压力、速度等信息。测量环境相对较广,多数用于气相环境,也可以利用波长调制光谱(wavelength modulation spectroscopy,WMS)技术将其用于复杂气溶胶环境中[21-22],比较适合涉及多相的复杂火焰场测量。但其缺点也非常明显,由于只能测量激光穿过待测区域的变化,因此结果为一条线上的积分结果,空间分辨率较小,Ma 等利用多谱线重构的方法开展了二维测量尝试解决这一问题[23]。

发射光谱则包含瑞利(Rayleigh)光谱、拉曼(Raman)光谱、激光诱导荧光(laser induced fluorescence,LIF)光谱、简并四波混频(degenerate four-wave mixing,DFWM)和相干反斯托克斯拉曼光谱(coherent anti-Stokes Raman spectorscopy,CARS)等[24]。瑞利光谱是指激光光束与待测气体分子发生弹性散射,散射光的信号强度与气体分子数密度成正比,因而在理想气体假设下,压力恒定可由分子数密度反算得到温度分布。拉曼光谱是指光子与气体分子发生非弹性散射,得到的非弹性散射光与温度相关。激光诱导荧光光谱是指利用特定波长的激光激发分子发生电子能级跃迁。在有凝聚相或等离子体相存在的复杂火焰场中,瑞利信号受颗粒或壁面散射信号以及等离子体发射光谱的干扰十分严重,难以直接应用;而拉曼和荧光信号则相对较易在波长上避开干扰。自发拉曼光谱(spontaneous Raman spectroscopy,SRS)被广泛用于火焰气相温度的测量[25-27]。激光诱导荧光光谱也同样广泛用于测量有颗粒参与[28-29]或等离子体参与[30-31]的复杂火焰场中 OH、O、H、NO、CH 等自由基浓度与温度,以上三类都可以归类为线性光学方法。线性方法的一大缺点是非相干信号向 4π 的球面角中分布,这使得测量信号的信噪比很低。而对于另一类激光诊断光谱,即非线性方法,如简并四波混频和相干反斯托克斯拉曼光谱,激光激发得到的相干信号光沿着特定方向传播,可以有效克服线性测量技术的弱点,如信噪比低、易受颗粒带来的噪声影响等[32]。但其缺点很明显:装置相对复杂,信号调节十分困难。在复杂火焰场测量方面,美国俄亥俄州立大学的 Adamovich 课题组利用振动能级的相干反斯托克斯拉曼光谱测量了纳米脉冲等离子体点火过程中的温度变化[33]。德国达姆斯塔特工业大学 Dreizler 课题组利用相干反斯托克斯拉曼光谱测量了近壁面区域的温度场变化[34-35]。

第二个方向是等离子体相火焰的在线光学诊断。相对于气相,直接测量等离子体相的方法很少。美国俄亥俄州立大学的 Adamovich 课题组利用汤姆孙散射(Thomson scattering)来测量纳秒脉冲放电过程中的电子浓度和电子温度[36]。汤姆孙散射光谱的机理与瑞利散射光谱相似,主要利用激光与电子发生的弹性散射过程。但是,由于汤姆孙散射信号与激光、气体瑞利散射在波长上保持一致且信号强度极弱,所以需要利用汤姆孙散射信号的大展宽,采用各种过滤方式将中心窄波瑞利信号削弱。这种测量十分不易,只能测量纯粹的气相环境,难以与凝聚相存在的体系一起测量。Yatom 等通过相干反斯托克斯拉曼光谱测量了 H_2 在纳秒脉冲放电过程中的电场强度[37]。然而,以上工作基本都是基于纯粹放电体系的,针对实际燃烧过程中等离子体相的测量极少。目前主要的测量基本集中在针对气相的诊断过程,希望通过气相变化得到等离子体相的变化。在复杂火焰场环境中,Lacoste 等利用火焰的自发化学荧光辐射来测量火焰在等离子体放电下的释热率脉动[38]。

第三个方向针对火焰中凝聚相在线光学诊断,包括激光诱导颗粒散射(laser induced scattering,LIS)、拉曼光谱、激光诱导白炽光光谱(laser induced incandescence,LII)和激光诱导击穿信号(laser induced breakdown spectroscopy,LIBS)。颗粒散射信号根据颗粒粒径与激光波长的关系又可分为瑞利散射和米散射。对于瑞利散射,信号强度与颗粒粒径成 6 次方关系,与颗粒数浓度成正比关系。在特定情况下,如聚并过程中颗粒数浓度 N 与颗粒粒径 d_p 满足 Nd_p^3 保持守恒的关系,信号强度与粒径的 3 次方成正比,即气溶胶测量领域的泰德效应(Tyndall effect)。Graham 和 Homer[39] 与 Yang 和 Biswas[40] 利用这一效应进行过火焰合成中颗粒粒径的测量。但是受限于多分散和激光-颗粒的复杂相互作用,直接颗粒散射信号很难满足瑞利-德拜-甘近似准则(Rayleigh-Debye-Gan approximations),仅仅得到了散射信号强度随粒径增加的定性结果。而对于米散射,则需要多波长的光源[41-42]或多角度的测量[43-44]来得到粒径。小角度 X 射线散射(small angle X-ray scattering,SAXS)是另一种颗粒散射光谱,只是 X 射线是一种波长极短的电磁波,这使得对颗粒散射的求解可以直接考虑为一个波反射问题。人们利用这种技术成功实现了颗粒粒径分布的在线诊断[45-46]。颗粒散射光谱的另一个利用角度,是用其来表征颗粒所在位置进而在斯托克斯数(Stokes number)很小的条件下得到气相流场速度,最典型的包括粒子成像测速技术(particle image velocimetry,PIV)和粒子轨迹测速(particle streak velocimetry,PSV)。目前有很多学者利用粒子成像测速技术测量离子风的大小和分布[47-48],其中 Bergthorson 利用粒子条纹测速技术测量了滞止流场速度分布[49]。

凝聚相颗粒的拉曼光谱则起源于材料表征领域,由于信号较弱,较少用于在线诊断。Tse 课题组[25]对火焰合成 TiO_2 纳米颗粒进行了在线拉曼测量,直接在线测量出 TiO_2 从无定向到锐钛矿再到金红石的转变过程。激光诱导白炽光光谱则是一种火焰场中炭烟颗粒的测量技术。其主要原理是用激光加热黑体颗粒,通过测量黑体颗粒的辐射来诊断颗粒信息。颗粒辐射的绝对强度与炭烟颗粒的体积分数成正比,辐射的衰减速率与炭烟颗粒的粒径相关联[50]。值得注意的是,粒径的解析强烈依赖激光诱导白炽光光谱的数值模型,因为颗粒热量与质量的损失涉及复杂的激光和炭烟颗粒的相互作用[51]。在尝试将激光诱导白炽光光谱推广到一般性的金属或金属氧化物颗粒测量的过程中,有两个困难一直难以克服:一是在激光与颗粒的相互作用过程中发现了新的颗粒辐射模态[52-53];二是复杂的吸收、发射与热容纳系数难以通过简单的模型进行模拟[54-58]。其中,这种新的颗粒辐射模态被发现是源于一种颗粒中金属元素的原子激发光谱[26,59],并被用于颗粒从气相到颗粒相的转变过程,但该光谱的本质仍然不清晰。当激光强度继续增加到气相击穿极限之上时,就会发生宏观击穿,即激光诱导击穿光谱。Amodeo 等将颗粒导流到固定区域内,测量了颗粒的元素成分[60]。Engel 等则利用颗粒存在下宏观击穿极限的不同,来定性诊断颗粒生成的位置和区间[61]。可以看到,不同的激光与颗粒的相互作用机理对应着不同的诊断方法。目前针对有颗粒存在的诊断方法已经有了一定积累,但是其难点仍然在于对激光与颗粒的相互作用机理的理解和认识并不完善。

综上所述可以看出,针对复杂火焰场的在线光学诊断方法仍有待进一步开发与拓展。其难点主要在于如何针对不同相态开展测量,得到不同相态之间的转变过程和相互作用机理。特别是对于凝聚相物质,激光与物质的相互作用机制仍然十分不完善,有待进一步研究。

1.2.2 气相与凝聚相颗粒——火焰气溶胶合成

火焰气溶胶合成(flame aerosol synthesis)是一种典型的涉及气相、凝聚相物质的复杂火焰场。目前,火焰合成可以按照前驱物进给状态的不同,分为两类方法：一是气相进给火焰合成(vapor-fed aerosol flame synthesis, VAFS)；二是液相进给火焰合成(liquid-fed aerosol flame synthesis, LAFS)。

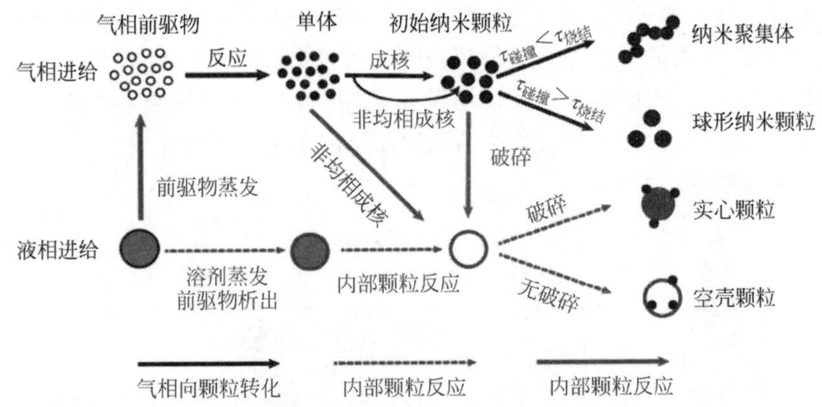

图 1.3 气相或液相进给火焰合成中的颗粒形成过程(见文前彩图)

气相进给火焰合成体现了复杂火焰场中一种典型的气相向颗粒的转变过程,如图 1.3 中蓝色所示。气相前驱物在高温火焰场中通过反应形成单体,之后迅速成核变成初始纳米颗粒(primary nanoparticles)。这些初始纳米颗粒进一步通过碰撞和烧结的竞争过程形成纳米聚集体或球形纳米颗粒。其中从气相前驱物到单体的反应是化学过程,该过程一般与燃烧过程一起发生,特征反应时间十分短暂。反应之后,单体浓度达到过饱和状态,在大多数情况中,金属氧化物的均相成核很容易自发进行,没有能量壁垒。这其中同样伴随着非均相成核,即气相单体可以直接沉积到初始纳米颗粒表面上。纳米颗粒产物在后续生长过程中受碰撞-烧结过程影响最为显著。颗粒间的碰撞过程由布朗运动直接主导,而颗粒间的烧结过程则由纳米颗粒表面原子的扩散特性决定。如果特征碰撞时间大于特征烧结时间,颗粒就会在发生下一次碰撞前完全烧融成一个颗粒;反之,特征碰撞时间小于特征烧结时间时,颗粒不会有足够的时间发生烧结,这时就会形成链状的纳米聚集体。

气相火焰合成过程可以广泛用于合成 SiO_2、TiO_2、Al_2O_3 等单相纳米金属氧化物材料。事实上,对火焰合成的研究是实践领先于理论的。早在 1943 年,一种商业的气凝胶过程(aerosil process)就由 Degussa 公司提出,以 $SiCl_4$、$TiCl_4$ 为前驱物水解产出 SiO_2 和 TiO_2。20 世纪 70 年代开始,

Formenti 等就引入了 $H_2/O_2/N_2$ 的同轴扩散火焰来生产 TiO_2、SiO_2、Al_2O_3、ZrO_2、Fe_2O_3、GeO_2 等纳米颗粒[62]，如图 1.4 (a)所示。在该扩散火焰中，最外侧为氧化剂，中间为燃料，最内侧为前驱物。Pratsinis 等进一步改进了这一研究，运用一种扩散火焰反向布置方式，将空气与前驱物预混后，再与最外侧的火焰进行燃烧反应[63]，可以大幅减少生成的纳米颗粒的粒径。然而，运用同轴扩散火焰得到小于 10 nm 的非烧结纳米颗粒仍然十分困难，这是因为其焰后较长的高温区间可以显著增加碰撞烧结的次数，进而增加初始颗粒粒径[64-65]。

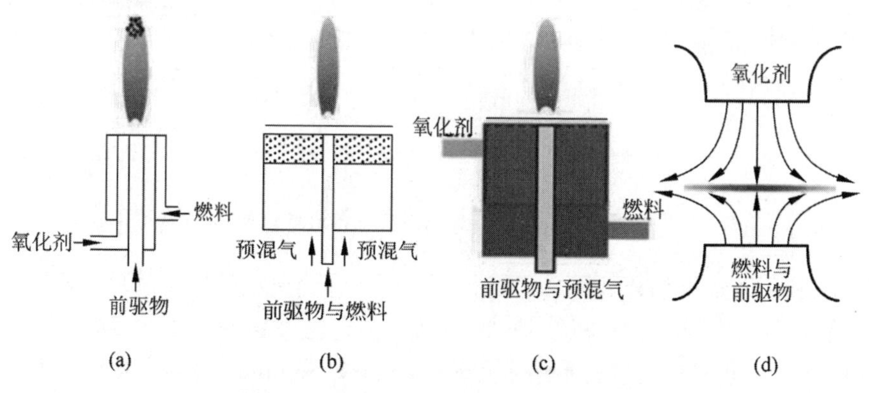

图 1.4　用于火焰合成中的不同燃烧器

(a) 同轴扩散火焰；(b) 预混平焰；(c) 扩散平焰；(d) 对冲平焰

为了进一步研究纳米颗粒合成的机理，人们希望建立火焰场简单、利于在线和离线诊断、方便进行建模模拟的合成实验台。第一种思想是在一个近似唯一的高温场中，制造一个近似柱塞流的反应器，这其中主要包括预混平焰燃烧器（mckenna burner）和扩散平焰燃烧器（hencken burner），如图 1.4(b)和(c)所示。其中预混平焰燃烧器在燃烧诊断领域作为标准燃烧器被广泛用于研究炭烟形成机理、标定燃烧温度[66-67]。Ulrich 等利用预混平焰燃烧器合成 SiO_2 纳米粉体，并进行了比表面积的离线测量（BET），据此很好地预测了纳米颗粒粒径[68-69]。Erhman 等随后在预混平焰燃烧器上利用透射电子显微镜（transmission electron microscopy，TEM）和能谱仪（energy dispersive spectrometer，EDS）对 SiO_2 和 TiO_2 进行了离线测量[70]，并从结果上分析了两种物质掺杂合成的过程机理，提出了自由基驱动（radical-driven）和热驱动（thermal-driven）两类前驱物反应。而两种颗粒掺杂的均匀性由物质可溶性、前驱物化学反应特性决定。Kammler 等在一个预混平焰燃烧器上进行 X 射线散射测量,表征出沿程颗粒粒径分布、颗粒浓度及体积分数、颗粒聚集体的几何参数等诸多性质变化[45]。扩散平焰燃烧器由多个小扩散火焰组成,最早用于为激光诊断方法开发提供稳定的温度和组分场[71-72]。相对于预混平焰燃烧器,扩散平焰燃烧器可以营造出当量比范围更加宽广的火焰环境。Wooldridge 等在扩散平焰燃烧器中合成了 SiO_2、SnO_2 以及 Au 掺杂的 SnO_2 纳米颗粒。Rao 和 Zheng 以及 Cai 等利用扩散平焰燃烧器设计了一种火焰协助化学蒸汽沉积的方法(flame-assisted chemical vapor deposition)来合成一维金属氧化物纳米线[73-74]。Xu 等和 Memon 等改造了一种反向扩散的富燃平焰燃烧器,成功合成了碳材料[75-77]。本书中也利用扩散火焰稳定的本生灯火焰(hencken-stabilized Bunsen flame)进行一维和二维在线光学诊断技术的研究[78-79]。

第二种思想是利用滞止流场生成一个一维拉伸的火焰面,这其中就包括对冲平面火焰(counterflow flame)和滞止平面火焰(flat stagnation flame)。对于这种滞止流动构成的火焰场,可以很容易确定火焰面的一维结构。用这种火焰场进行纳米颗粒合成的方法首先由 Katz 和 Hung 提出[80],随后由 Xing 和 Zachariah 等发展[43,81-82]。一般来说,滞止火焰场中会存在两个特征平面,一个是火焰存在平面,一个是颗粒停滞平面。Xing 等发现初始 Al_2O_3 颗粒粒径位于 13～47 nm[43],并通过颗粒散射信号的测量得到颗粒聚集体的分形维数、回转直径、粒径分布和颗粒体积分数,这些结果都对高温场内颗粒的聚并动力学模型提供了有效信息与指导。张易阳最近在对冲扩散火焰中运用相选择性激光诱导击穿光谱测量了颗粒在滞止流动内的热泳、扩散、对流等输运性质与行为[83]。

由上述研究得到的结论是气相前驱物浓度和火焰场的温度历史是影响颗粒相貌的两个最关键因素,前者直接决定了颗粒浓度,进而通过颗粒的碰撞速率影响最终颗粒的粒径大小。这一过程通过群平衡模型可以进行较为准确的预测。然而,多元素掺杂合成的复合材料在现有的气相火焰合成研究中仍处于试验阶段,并没有综合性的机理描述。对于担载性纳米颗粒,以 Pd-TiO_2 纳米颗粒为例,宗毅晨通过对时间尺度的估计,明确了 Pd 与 TiO_2 的生长机理[17]。其各自的前驱物反应机制并不一致,TiO_2 的前驱物(四异丙醇钛)是由自由基反应驱动的(radical-driven),在火焰场内首先快速生成单体,随后碰撞长大;Pd 前驱物醋酸钯则由热量反应驱动(thermal-driven),在火焰靠后区域才形成单体,碰撞过程中伴随着被已经长大的

TiO_2 纳米颗粒捕获的过程[6]。对于晶格掺混型颗粒，如 V_2O_5-TiO_2 纳米颗粒，Miquel 和 Stark 等发现 V 前驱物较高时很容易产生 V_2O_5-TiO_2 的混合纳米晶型，推测可能是由沉积过程或者碰撞过程导致，但其具体机制尚不清晰。

在气相火焰合成的基础上，为了进一步应用低溶解性和更廉价的金属前驱物，人们开展了液相进给火焰合成技术的研究。如图 1.3 中的红色线所示，液相进给合成的主要过程是将前驱物溶解到可燃或不可燃的有机或无机溶剂中，之后根据特征时间的不同发生若干复杂的物理过程。在颗粒内部主要包括两个具体时间尺度的对比：描述溶液液滴行为的溶剂蒸发时间和溶质内部扩散时间以及描述前驱物行为的溶质蒸发时间和溶质反应时间。对于前驱物，如果在火焰场内溶质的蒸发时间远小于溶质的反应时间，即前驱物可以迅速转化成气相物质，这样就回归到气相进给的路径过程，即满足气相向颗粒相的转化。而对于溶液液滴的行为，当溶剂蒸发时间远小于溶质内部扩散时间尺度时，溶质在边界析出。此时，如果溶质反应时间小于溶剂扩散时间，就会迅速形成坚硬的氧化物外壳，从而阻碍溶剂的进一步蒸发，导致温度升高时形成微爆现象；反之，如果溶质反应时间远大于溶剂扩散时间，液滴内溶质的析出过程就会强烈依赖液滴内部的溶解度分布，若内部先发生析出则会导致球形颗粒的生成。人们总结出两个在液相进给合成中的关键因素：溶液蒸发温度与溶质分解温度之比、溶液热值大小。这两个因素可以有效控制以上若干特征时间，进而控制颗粒形成过程。一般而言，为了控制粒径小于 20 nm 的超细纳米颗粒合成，会采用较容易挥发的二乙基己酸(2-ethylhexanoic acid，EHA)使前驱物先蒸发成气相，以实现与气相进给火焰合成相同的转化途径。

液相进给过程最早由 Sokolowaski 等在 Al_2O_3 纳米颗粒的合成过程中提出[84]，之后相关研究人员进一步运用超音速喷嘴进行单相以及多相的金属氧化物合成，如 Al_2O_3、TiO_2、ZrO_2、$Y_3Al_5O_{12}$ 以及 Y_2O_3[85-89]，在这之后进行这一领域工作的主要是苏黎世理工大学的 Pratsinis、Baiker、Mädler 和 Wegner，他们主要使用双流体喷嘴进行液滴雾化，可燃液滴直接可以形成扩散火焰，在周围 6 个小的预混火焰的稳定作用下，可以合成单相及多相的金属氧化物纳米颗粒，作为可实现规模化的合成器[9,65,90]。Mädler 使 SiO_2 的合成速率达到 9 g/h，特别采用纯氧作为氧化剂，使液滴迅速蒸发，产物颗粒可以更长时间停留在高温区内，以实现气相向颗粒相的转化[91]。Gröhn 等进一步表明同时增加前驱物和雾化气量，可以在扩大颗粒产量的同时保持初始颗粒粒径、颗粒聚集体尺寸以及晶向不变[92]。

无论是气相还是液相进给火焰合成技术，为了实现纳米材料的规模化生产并获得更短的高温区停留时间，人们越来越倾向应用高流速的湍流燃烧来合成纳米颗粒。但是，在高雷诺数下的湍流火焰环境中，颗粒的形成和输运规律尚不明确，仍然亟待研究。Raman 和 Fox 在流体年鉴期刊上对比了湍流火焰场中金属氧化物纳米颗粒和炭烟颗粒的生成过程，认为其根本原因在于成核过程的不同[93]。由于金属前驱物分解迅速，其形成可能强烈依赖大尺度的火焰脉动而与湍流细节无关，这与炭烟颗粒强烈依赖空间中火焰拉伸率等湍流细节有显著不同。然而，对于这一结论只有基于大涡模拟(large-eddy simulation，LES)的群平衡模型研究[94-95]，尚无可以直接表征的在线光学诊断结果。

总体而言，火焰合成纳米颗粒的研究主要集中在层流下单相纳米材料的合成过程，而对于多种元素掺杂合成以及复杂湍流火焰，对颗粒输运过程的物理理解仍然不足，这在一定程度上制约了对火焰合成的主动调控。

1.2.3　气相与凝聚相壁面——近壁面复杂火焰场

1.2.2 节对火焰合成综述的部分表明，火焰温度历史对后期形成纳米颗粒粒径、形貌具有极其重要的作用。因此，一种很直接的调控方法就是在火焰场中加入凝聚相固体壁面，以减少火焰高温区间。在一个典型的滞止平焰燃烧器中，气体冷却的温度梯度可以达到 5×10^4 K/cm，这远高于一般对冲火焰和射流扩散火焰气体温度梯度(10^2 K/cm)。由于温度梯度很大，极大的热泳速度可以使纳米颗粒较快地沉积在滞止板上。

最早在 20 世纪 90 年代，Murayama 和 Uchida 等就提出了一种乙炔-氧气-氢气混合的滞止平焰反应器，用来在滞止板上合成金刚石[96-97]。其滞止理想势流的近壁面流场条件保证了成膜的均匀性。近年来，预混滞止火焰被广泛用于一步合成超细、高纯度的纳米颗粒并且可以制备成相关的功能性薄膜[4,98-99]。为了稳定燃烧和提高流量，Wang 等和李水清等在传统的滞止平面火焰中加入旋流叶片，提出了一种全新的旋流滞止火焰反应器结构[100-101]。这些典型的用于滞止火焰合成的燃烧器如图 1.5 所示。通过这些研究，人们发现滞止板对火焰合成有诸多优势：①较大的温度梯度；②可控颗粒历史以减少凝聚；③稳定火焰；④作为纳米颗粒收集装置；⑤直接用于纳米薄膜形成；⑥便于作为电极添加电场。

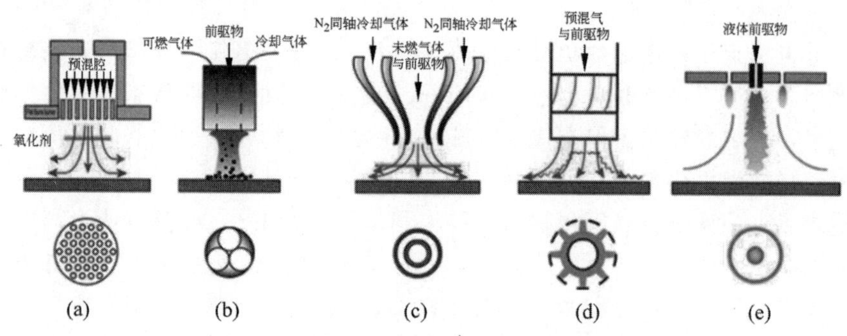

图 1.5　典型的用于滞止火焰合成的燃烧器

(a) 滞止预混火焰：燃烧器稳定；(b) 滞止预混火焰：喷管稳定；(c) 滞止预混平焰：滞止板稳定；(d) 滞止预混平焰：旋流稳定；(e) 滞止火焰：喷雾热解

然而，凝聚相壁面的引入同样给火焰带来了巨大的热量损失和拉伸率，导致火焰非常容易熄灭，因此将壁面作为火焰合成调控方式对近壁面火焰的稳定性控制提出了很高的要求。事实上，这种稳定性控制研究涉及复杂火焰场的一类重要问题，即壁面与气相火焰的相互作用(flame-wall interaction，FWI)。该相互作用过程作为一种独特的非均相复杂火焰场体系，在所有封闭燃烧体系中都起到了不可忽略的作用[14]。除了滞止火焰合成外，壁面与气相火焰相互作用涉及多个燃烧研究领域，如火焰安全技术[102-103]、催化燃烧与点火[104-106]、热壁面燃烧[107]和微型燃烧技术[15,108-109]等。特别值得注意的是，所有现代燃烧装置，如内燃机[110]和航空发动机[111]，其体积和尺寸不断缩小，壁面在空间所占份额越来越多。在这些燃烧装置中，绝热火焰温度约为 2500 K，而壁面温度则低于 1000 K，这使从气相火焰到低温壁面之间的热流传递高达 0.1～1 MW/m^2，可以直接导致火焰在壁面位置的淬灭过程。此外，由于壁面还同时是自由基反应淬灭的发生位置，这将可能导致不完全燃烧乃至积炭的生成[112]。

目前，对火焰与壁面相互作用机理的研究可以分为以下装置：①滞止流动(stagnant flow)装置，②正面淬灭(head-on quenching)装置，③侧面淬灭(side-wall quenching)装置，如图 1.6 所示。其中滞止流动火焰的方式包含了稳定的平面滞止和旋流滞止火焰。冷壁面给火焰提供了巨大的冷源、自由基淬灭区以及巨大的流场拉伸率。Libby 和 Williams 在对滞止火焰的研究过程中，注意到近壁面密度的增加实际上给火焰提供了某种流动绝缘效应，减弱了原本的热量梯度[113]。Egolfopoulos 等细致讨论了墙壁对于预混层流火焰的影响，发现滞止平面火焰比对冲火焰在同等条件下更加容易稳定[114]。Bergthorson 通过模拟和实验的方法细致研究了不同拉伸率下层流预混火焰的温度和组分浓度分布等[49]，从而对小分子化学反应机理进行了验证。李水清课题组为了解决滞止平面火焰流量有限的缺点，在预混火焰前加入旋流装置，形成了独特的旋流滞止火焰[100]，可以用来研究湍流与壁面的相互作用。

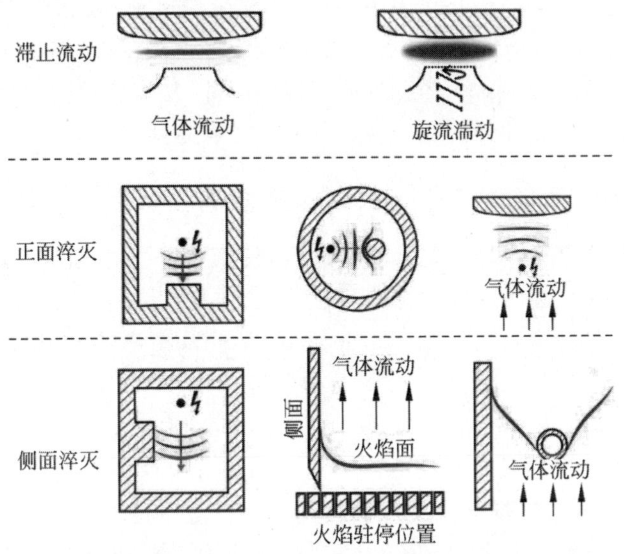

图 1.6 火焰与壁面相互作用机理的研究装置部分源自文献[14]

正面淬灭指的是测量火焰面传播到达壁面时的特性。火焰被点燃后，初期处于自由运行状态(flame approach)，随后它可以“感知”到壁面存在(flame quenching)，最后火焰熄灭(post-quenching period)。一般地，定义无量纲最小熄火位置对应的无量纲贝克来数 $Pe=\delta s_L/\alpha$，其中 δ 为熄火距离，s_L 为火焰传播速度，α 为未燃气体的热扩散系数。研究表明，熄火贝克来数大约在(3.5±1)[115]。几种典型的正面淬灭实验装置如图 1.6 所示[34-35,116-118]。很多结论都表明，壁面在火焰淬灭时可以作为第三体促进自由基复合，也可以减少尖峰壁面热流。

侧面淬灭发生在火焰传播方向平行于壁面时，包括封闭体系内火焰面的传播过程[117]，稳定层流流动火焰与侧壁的相互作用[119]以及 V 形火焰与侧面相互作用[120]。相对于正面淬灭，侧面淬灭至少是一个二维的问题，但只发生于部分火焰之中，最小的贝克来数大约为 7，远大于正面淬灭火焰，即火焰淬灭离壁面更远。Gruber 等利用直接数值模拟的方法研究 V 形火焰与侧壁面相互作用的细致结构，验证了很多已有的结论，如自由基在惰性壁面的复合作用以及沿气流方向的涡结构，也发现了一些之前 RANS 和 LES 模拟无法证实的结果，如近壁面位置的局部邓克尔数降低，火焰从主流区的薄火焰面模型逐渐转移到近壁面的湍动厚火焰面结构，意味着细致的壁面化学效应不可忽略[121]。

在火焰与壁面的相互作用中，壁面化学效应的作用仍然没有得到足够清晰的认识，主要原因在于对近壁面温度、组分场测量的困难。这在一定程度上制约了滞止壁面对火焰合成的调控。因此，从实验角度，利用在线光学诊断的方法去研究和分析这一类过程显得尤其重要。

1.2.4　气相与等离子体——电场主动调控研究

外加电场是另一种火焰合成的重要调控手段。实验研究中已经报道了外加电场会对火焰合成中的初始颗粒粒径、结晶度、颗粒聚集度以及颗粒聚集体尺寸有显著影响。早期 Hardesy 和 Weinberg 就发现初始 SiO_2 颗粒粒径在外加电场作用下减小为原来的三分之一[122]。但 Katz 和 Hung 在对冲扩散火焰进行研究后则发现了截然相反的规律，颗粒粒径在大部分加入电场的情况下增长了 3～10 倍[123]。Pratsinis 课题组运用针-针电晕放电或针-板放电的电场布置，发现在 87 g/h 产量下的纳米颗粒粒径仍然可以减少为原来的二分之一[10,124-126]。目前认为，外加电场对火焰合成的调控作用主要包括三方面因素：①电场直接改变火焰中流场分布，进而改变纳米颗粒在火焰中的停留时间；②电场通过电泳力(electrophoretic force，F_E)直接作用于荷电纳米颗粒，从而在其原有速度上添加一个电泳速度 v_E($v_E \equiv F_E/f$，其中 f 为颗粒的阻力系数)；③通过放电对颗粒荷电，从而依靠静电分散(electrostatic dispersion)改变颗粒的聚并速率。为了只关注电场对纳米颗粒的影响而尽可能忽略电场对火焰的作用，Tse 课题组提出了在滞止火焰合成中运用壁面作为电极的研究方案[47,127]，在约为 10^2 V/cm 的电场强度下，并没有发生宏观击穿，火焰的自由基分布和温度并没有发生明显的变化，但并未验证速度场分布。该工作认为电场通过电泳力作用于荷电纳米颗粒，其结果表明，虽然只能轻微改变初始纳米颗粒的粒径，但可以显著影响聚集体的尺寸。

可以注意到,大部分电场对火焰场的调控工作仍然以唯象为主,缺乏对其调控机理的描述。特别是电场对火焰的作用难以忽略却得不到清晰的认识和表征,这严重制约了对电场调控火焰合成的理解和应用。

事实上,电场调控气相火焰本身就是一种同时涉及等离子体相和气相的复杂火焰场。对该过程的研究由来已久,自19世纪就有所报道[128]。火焰组分同时包括气相与等离子体,特别是碳氢燃料会产生数量巨大的正负电荷组分,这些组分构成了一种独特的化学驱动的非平衡等离子体(non-equilibrium plasma)。因此,电场本身就可以直接通过众多的物理化学过程影响、操控火焰。外加电场一般分为击穿和非击穿两类。击穿电场可以直接构成外加等离子体,从而给等离子体提供额外的离子,以致产生额外的化学效应和热效应。而非击穿电场则可以直接通过作用于火焰等离子体而改变其特性。一般来说,在这种复杂火焰场中,电场及等离子体相对燃烧的影响机理可以基本分为三类:输运效应、化学效应和热效应[18],如图1.7所示。

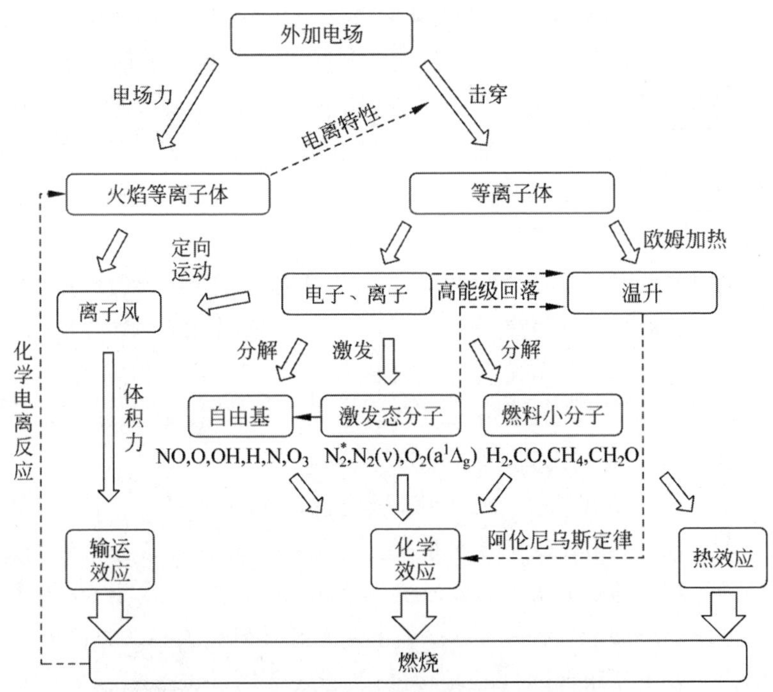

图1.7　电场及等离子体相对燃烧的影响机理

输运效应指的是由放电而产生的电子和离子在电场作用下产生更强的离子风效应或快速加热机制而引发的波-涡结构改变流场；化学效应通过产生的自由基、激发态分子或燃料小分子来调控化学反应路径；热效应则是通过欧姆加热产生的温升改变反应速率。虽然对于非击穿电场有诸多争议，但目前普遍认为输运效应占主导；而对于击穿电场，则是三种效应共同作用的结果，如图1.7所示。普林斯顿大学琚诒光[129-131]、俄亥俄州立大学Adamovich和Lempert[30-31,132-133]、法国EM2C实验室Laux[134-137]等课题组详细研究了等离子放电过程中化学反应机理的变化，其作用普遍可归结为激发态 N_2 分子的形成、O_2 的分解以及对燃料的分解作用。燃烧最核心的化学效果是O自由基的大量产生，而热效应则是激发态 N_2 分子通过连续碰撞耗散产生对气体的加热作用。近期，Laux课题组已经可以将上述化学作用和热效应直接与湍流燃烧模型耦合[135]。

目前普遍认为等离子体对气相火焰最复杂的影响体现在输运效果上。在外加电场的作用下，带电粒子定向迁移对流场产生了体积力效应，进而诱导产生气体流动。气体流动的改变可以在局部降低流速从而稳定火焰，也可以在某些区域提高流速而干扰火焰稳定性。值得注意的是，即使没有外界等离子体放电产生的带电粒子，仅仅是火焰本身在不击穿电场的作用下，火焰等离子体也会在外加电场的作用下产生强烈的电场体积力效应。火焰场中的带电粒子密度 n 为 $10^{16}\sim10^{17}\ \mathrm{m}^{-3}$，其中绝对电荷浓度 n_c 占带电粒子密度 n 的1%左右，为 $10^{14}\sim10^{15}\ \mathrm{m}^{-3}$[138-139]，如果电场的特征强度 E 为 $10^3\sim10^4$ V/cm，则产生的体积力强度 $f=neE$ 达到 $0\sim10^2\ \mathrm{N/m}^3$，对应的离子风速度大小可以达到0.1～10 m/s的量级范围，这已经与层流火焰速度甚至湍流火焰速度可比。本研究主要关注等离子体的输运作用，为了进行机理研究并简化系统，聚焦非击穿电场对火焰等离子体的调控机理。

以往在这一领域上的研究可以基本分为两个方向：第一研究方向是火焰的等离子性质；第二研究方向是研究外加电场对火焰自身特性的影响。在火焰的等离子体性质方面，Lawton和Weinberg在20世纪60年代建立了火焰电流响应的经典理论[140]。其主要思想是研究火焰在直流电源下的响应曲线。在电压很低的情况下，火焰处于线性区(linear regime)，此时空间中没有净电荷生成，火焰等离子体处于中性状态，电流响应完全正比于外界电场作用；随后电压逐渐提高，火焰逐渐转向趋近体相电荷区(spacecharge regime)，此时火焰正负电荷逐渐分离，空间中净电荷正比于外加电压强度，而电流则正比于外加电压强度的平方；随着电压进一步提高，火焰等离子体电流完全被拖拽至电极位置，此时火焰场中的电流强度达到饱和，火焰等离子体达到饱和区(saturation regime)。在此基础上，不断有学者对该理论进行完善。Xiong 等通过一个一维模拟对上述理论进行了数值验证[141]。Drews 等进一步研究了交流电作用下离子的响应规律，提出了离子迁移特征时间与交流电场周期不同时火焰等离子体的不同响应规律[138]。Borgatelli 和 Dunn-Rankin 将火焰等离子体作为一个电学响应器件，将其等效为电阻和电容的并联结构[142]。

在外加电场对火焰自身特性影响的研究方面，本书则重点关注气相火焰对外加电场的响应特性，如产生对流效应、极限条件下稳定火焰、改变火焰形状、熄灭火焰、控制火焰中颗粒物生成和污染物生成等。最著名的工作由 Carleton 与 Weinberg 共同完成，该工作发表在 *Nature* 期刊上[143]。他们发现电场可以在失重环境下代替重力控制火焰。Sang 和 Kim 等利用交流电场对火焰稳定性进行了一系列的研究[144-146]，发现了交流电场可以显著提升扩散射流火焰的稳定区间。Wisman 等、Schmidt 等和 Marcum 等利用脉冲电压直接改变火焰形状，并通过光学手段进行了观测[147-149]。Belhi 等和 Sánchez-Sanz 等利用直接模拟的方法对火焰中体积力的形成和机理进行了研究[150-151]，其中 Belhi 等首次通过二维模拟发现了火焰电流响应的空间不均匀性。

然而在以上研究中，火焰的电学特性和流体特性始终被相对分离地进行研究，但是事实上二者是相互联系的。如图 1.8 所示，火焰面结构决定了电流密度，电流密度影响了体积力，体积力决定了气相流动，而气相流动又可以对火焰面内结构进行反馈。这种气相与等离子体相的双向作用在某些条件可能形成正反馈从而造成火焰不稳定现象。

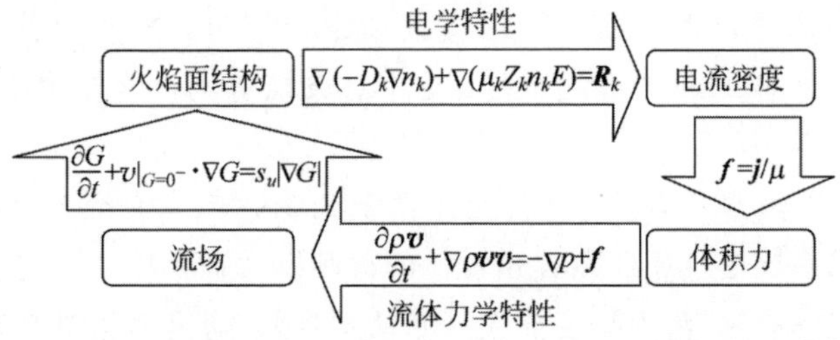

图 1.8　火焰等离子体中电学特性与流体力学特性的耦合效应

1.3 研究内容和技术路线

本书结合气相火焰合成及燃烧调控等实际应用所涉及的复杂火焰场，开发相应的在线光学诊断方法，采用光学诊断的方法研究气相、凝聚相(颗粒与壁面)、等离子体相的相互作用与转化机制。具体的研究内容和技术路线如图1.9所示。在气相与颗粒环节，研究典型的火焰合成系统中气相与颗粒相的相互作用过程；在气相与壁面环节，研究壁面对火焰合成的调控机理；在气相与等离子体环节，研究电场下等离子体对火焰稳定性的调控机理。

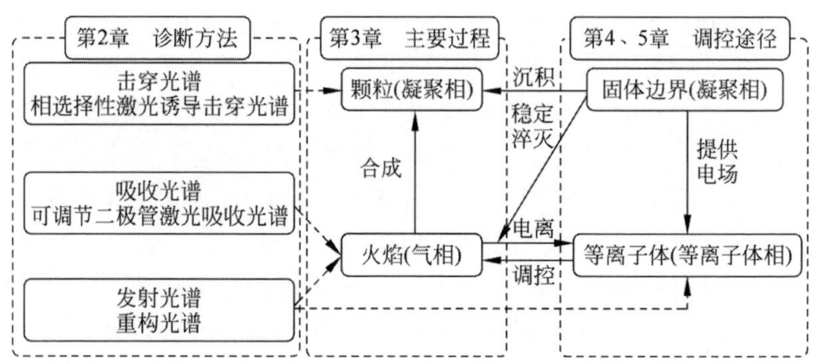

图1.9　研究内容和技术路线

研究内容和相关技术路线如下。

(1) 首先研究针对复杂火焰场的在线光学诊断方法。对于气相与颗粒相的火焰气溶胶合成系统，研究相选择性激光诱导击穿现象的物理机制，并将其发展为一种在线光学诊断方法。在滞止平面燃烧的滞止流场环境中，利用颗粒散射光表征热态流场的颗粒图像测速方法，并利用波长调制吸收技术进行近壁面位置的温度和组分测量。对于火焰等离子体，在对称与不对称的两种情况下，开发针对火焰等离子体的化学荧光辐射技术。

(2) 在气相-颗粒环节，以相选择性激光诱导击穿光谱为基础，研究气相火焰合成系统中气相向颗粒相转化的机制以及颗粒相输运过程。重点关注两个过程，一是湍流火焰合成 V_2O_5 纳米颗粒，研究气相湍流对颗粒物生成和输运的影响；二是V、Ti两种元素的掺杂合成过程，探究不同元素气相向颗粒相的转化规律及相互影响。

（3）在气相-壁面环节，利用热态颗粒成像测速技术，研究滞止平面火焰场结构，并与一维燃烧模拟结果相比较。以波长调制的吸收光谱测量为基础，研究平面滞止火焰在近壁区的温度和组分特性。进一步与火焰合成系统相结合，研究纳米颗粒在滞止平面火焰边界层内的输运特性，并建立颗粒沉积过程的输运理论。

（4）在气相-等离子体环节，分析电场调控火焰合成以至一般燃烧过程的机理，并重点关注电场下等离子体对气相燃烧环境的调控作用。以火焰等离子体的发射光谱测量为基础，研究气相火焰场中等离子体的形成过程、在电场下的脉动过程以及内在的动力学不稳定机理。

第2章　复杂火焰场在线光学诊断方法研究

2.1　本章引言

如第1章所述，复杂火焰场涉及多种相态的相互转化与相互作用，其特征时间和尺度往往很小。仅仅依靠理论分析和数值模拟往往不足以直接理解复杂火焰场的内在物理机制，一般需要通过在线光学诊断方法获得复杂火焰场中特征相态的特征信息，如体积分数、温度、组分浓度、分布性质等。实时光学测量还可以为工业生产中复杂燃烧场的反应输运过程提供针对性的主动调控信息。而传统的侵入式测量法，如热电偶和压力表等，都对实际物理过程干扰极大，且往往难以测量复杂火焰场中的多相态物质；离线测量方法，如扫描电镜、透射电镜、X射线衍射等方法无法体现准确的在线、原位信息，且分析过程较为复杂。在线光学诊断则可提供在线、无扰甚至实时的信息，已经逐渐发展成为燃烧学科中的一个独立研究部分，越发受到学术界和工业界的认可与关注。

瑞利散射光谱、拉曼光谱、激光诱导荧光光谱以及相干反斯托克斯拉曼光谱等针对气相诊断的发射光谱技术近年来得到迅速发展。与此同时，针对颗粒相的光谱，如激光诱导白炽光光谱和激光诱导击穿光谱，只能分别提供针对炭烟颗粒和元素组成的在线诊断。然而，对于存在相态转变的火焰气溶胶合成系统，一直缺乏较好的诊断方法。张易阳[59]发现了一种低强度相选择的激光诱导击穿现象，测量所得的信号强烈依赖物质相态，可以显示特定元素的气相向颗粒相转变的过程，然而其物理机制和定量程度仍无法得到清晰解释。

吸收光谱是另一类重要的光学诊断方法，对其进行的研究以傅里叶变换红外光谱和可调谐二极管激光为主。但之前的研究仍然集中于组分和温度在沿程方向上的测量。对于近壁面区域，由于壁面遮挡，光线强度的绝对值无法直接反映温度和组分的吸收强度，给解析近壁面气体性质以及研究气体与壁面的反应过程造成了极大的困难和挑战。

直接用相机拍摄火焰的自发化学荧光光谱辐射，则是一种更为简单和直接的诊断方法。已有学者在轴对称条件下将其应用于火焰面的形状解析，并反演得到释热率脉动。然而在非轴对称条件下，空间光线重叠却无法直接解析火焰面形状。一个有效的方案是利用多个相机从多个角度同时测量火焰面辐射，再用数值算法如代数重建法（algebraic reconstruction technique，ART）重构得到三维火焰结构（chemiluminescence tomography，CT）。如何将其用于复杂火焰场中进行等离子体的表征，则是本研究即将解决的问题。

2.2 节研究相选择性激光诱导击穿光谱的物理机制，并将其发展为一种针对气相和颗粒相参与的复杂火焰场定量测量方法；2.3 节研究可调谐二极管吸收光谱技术，重点开发与激光强度无关的波长调制技术，以进行近壁面燃烧环境的测量；2.4 节运用发射光谱在轴对称和非轴对称条件下的重构技术，研究火焰等离子体的电离特性。

2.2　相选择性激光诱导击穿光谱

本节主要讨论一种全新的相选择性激光诱导击穿现象，研究这种相选择性击穿的物理机制，并将其开发为一种针对气相和颗粒相参与的复杂火焰场，可以定量测量颗粒相体积分数和二维直接测量的新型光谱技术。

2.2.1　在线激光诊断平台

研究相选择性激光诱导击穿光谱的光路设计如图 2.1 所示，主要包括了三部分：①激光发射与聚焦系统，包括聚焦透镜、中性滤光片、反射镜组、高温纳米气溶胶发生器和 Nd∶YAG 激光器；②信号采集系统，包括消色差透镜、激光收集器、光谱仪和增强型电荷耦合器件（intensified charge couple device，ICCD）；③同步控制系统，包括示波器和时间分辨测量的延迟时间设置。

在激光发射与聚焦系统中，平行激光束由 Nd∶YAG Q-switch 脉冲激光器（spectra physics）发射，其脉冲频率为 10 Hz，每个激光脉冲的持续时间约为 10 ns，呈现高斯分布。激光器运行在基频工作模式下，可以得到波长为 1064 nm 的激光，被倍频晶体作用后，可以得到波长为 532 nm 的激光。发射的激光束由一套反射镜组反射后，由聚焦透镜聚焦到火焰中心线

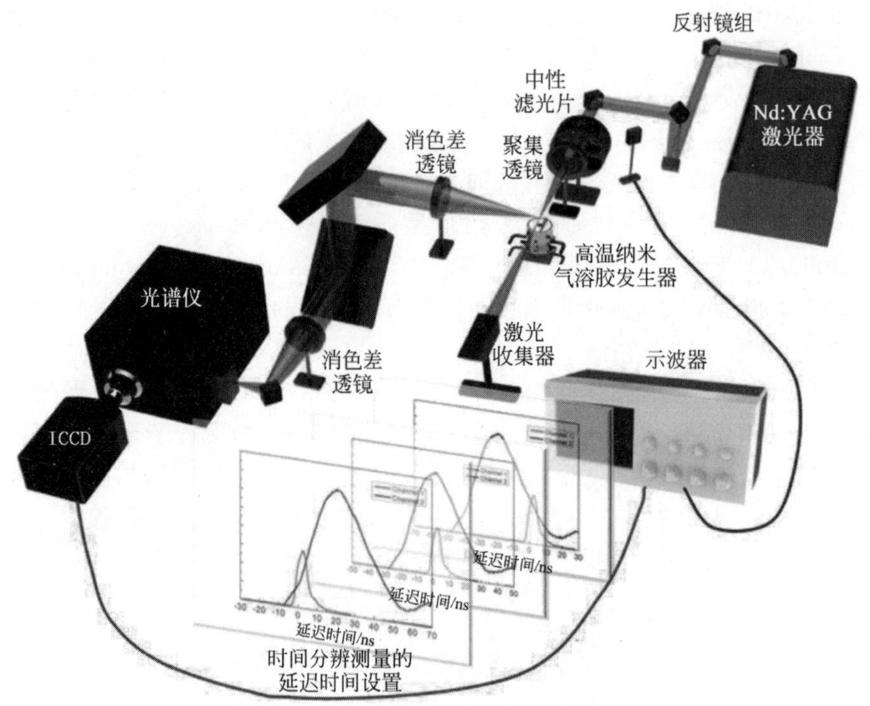

图 2.1　在线激光诊断平台的光路设计

位置处。该激光束随后由一个激光收集器进行安全收集。在该系统中，激光的强度由一套中性滤光片组控制，单脉冲能量为 0.1～100 mJ。可以根据式(2.1)计算激光在聚焦点的表面积：

$$\frac{d}{\lambda}=\frac{f}{D} \tag{2.1}$$

其中，d 为聚焦点的宽度；λ 为光的波长；f 为聚焦透镜的焦距；D 为光斑宽度。在本研究中，聚焦透镜的焦距为 500 mm 或 750 mm，光束聚焦位置相应的腰宽为 250 μm 或 375 μm。

在信号采集系统中，将在聚焦位置处激光激发产生的信号由消色差透镜进行采集，随后由两个反射镜进行像旋转，被焦距为 400 mm 的消色差透镜成像到光谱仪狭缝位置。光谱仪（Acton SpectraPro 300i）对信号进行波长分束后，由 ICCD 相机（Princeton Instruments PI-MAX3 1024i-Unigen2-P43）成像。信号采集激光聚焦圆柱体中直径为 0.5 mm、长度为 1 mm 的测量区域。

激光脉冲与 ICCD 相机通过同步控制系统实现同步。由激光器控制器给出一个控制信号到 ICCD 相机，ICCD 相机根据控制信号设定一个纳秒尺度范围的延迟时间进行控制。激光的光信号由一个光电倍增管采集，该信号与 ICCD 相机的快门信号同时由示波器显示，可以据此控制 ICCD 快门信号的延迟时间。在相选择性激光诱导击穿光谱的测量中，原子光谱与激光聚焦的时间几乎同步，因此相机快门几乎不需要设置与激光脉冲之间的延迟时间。在 2.2.2 节对击穿光谱物理机理的研究中，该同步控制系统被用于进行时间分辨信号测量。如图 2.1 中延迟时间设置的示意图所示，ICCD 的脉冲宽度最小可以设置为 2.54 ns，将这个脉冲宽度以 2 ns 为步长进行移动，即可以覆盖整个信号产生过程，获得其时间分辨信息。

作为测量对象，本书采用一种包含气相与颗粒相的火焰合成装置产生纳米气溶胶环境，如图 2.2(a)所示。该火焰合成反应器由一个扩散平面火焰构成，中心是一个预混本生灯火焰，前驱物为四异丙醇钛（Titanium isopropoxide，TTIP），由氮气携带进入火焰场。具体的纳米气溶胶生成过程和机理将在第 3 章叙述。最终该纳米气溶胶反应器可以产生平均粒径约为 11 nm、数浓度为 $10^9 \sim 10^{11}\ \mathrm{cm}^{-3}$ 的纳米颗粒群。在直径为聚焦点宽度 d 的激光聚焦圆柱体内包含了 $10^5 \sim 10^7$ 个纳米颗粒，位于聚焦位置的大量纳米颗粒可以确保信号具有统计平均意义。

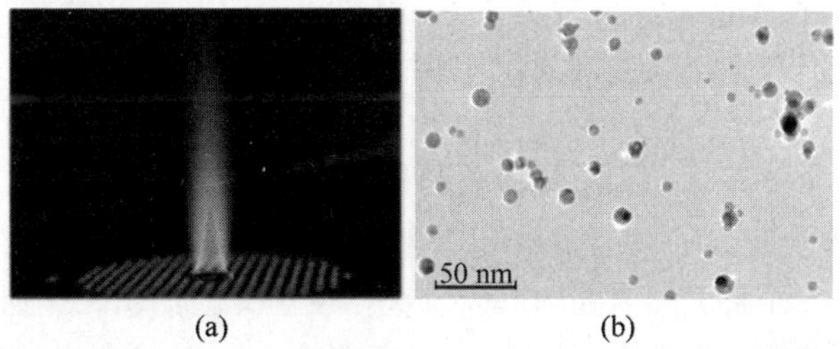

图 2.2　火焰合成纳米气溶胶系统(a)与纳米颗粒透射电镜图片(b)

2.2.2　相选择性激光诱导击穿光谱的物理机理

激光-纳米团簇的相互作用研究广泛存在于各个基础物理过程中。根据激光强度的不同，其相互作用机理可以基本分为：①弹性和非弹性散射，此时激光强度为 $10^2 \sim 10^8\ \mathrm{W/cm^2}$[40,43,152-153]；②激光诱导击穿或组分破裂光谱，此时激光强度为 $10^8 \sim 10^{12}\ \mathrm{W/cm^2}$[154-157]；③激光驱使的非线性纳米动力学过程，产生高能光子和 X 射线簇动力学研究，其激光能量为 $10^{11} \sim 10^{18}\ \mathrm{W/cm^2}$[158-164]。其中，激光与物质相互作用从散射转换到击穿的过程,包括了电子生成、雪崩效应和最后的膨胀过程。初始电子的产生机制可以基本分为两类:多光子激发(multiphoton ionization)和遂穿电离(tunneling)过程,可以通过 Keldysh 绝热参数(Keldysh adiabaticity parameter)来区分[159,165],该参数定义为

$$\gamma = \omega_{\text{laser}} \sqrt{\frac{2E_{\text{IP}} m_e}{e^2 E_0^2}} \tag{2.2}$$

其中,ω_{laser} 表示激光频率;E_{IP} 表示电子的电离能;m_e 和 e 分别表示电子质量和元电荷;E_0 表示电子在激光电场下振荡加速的能量。式(2.2)可以表示为电离能与电子受光振荡能量的比值,或者激光诊断频率与遂穿速率的比值。如果 γ 远大于 1,即电子受光场振荡无法发生遂穿效应而发生电离,则激光表现为光子效应;如果 $\gamma<1$,即电子受光场振荡能量足够大,可以发生遂穿电离。在产生初始电子后,电子发生雪崩效应,即碰撞电离过程快速产生大量电子,此过程也称为逆韧致辐射过程(inverse bremsstrahlung)。后期的碰撞过程通过库仑膨胀或流体热膨胀机制最终产生高速激波。一般而言,击穿过程的阈值可以定义为透射激光强度降低或者韧致辐射形成时的激光强度。

笔者所在课题组最近发现了一种全新的相选择性激光诱导击穿光谱[26,79]。这种光谱在产生过程中,仅凝聚相中的原子被激发,而对于周围的气体分子不产生宏观击穿现象,为许多气溶胶体系纳米颗粒的识别、监测和定量测量提供了关键技术支撑。特别值得注意的是,这种相选择性击穿过程只发生在单个 TiO_2 纳米颗粒周围,没有宏观火花或传统的韧致辐射现象,同时检测到原子发射谱线和离子发射谱线。典型的相选择性激光诱导击穿下的特征原子发射光谱和特征离子发射光谱如图 2.3 所示。这些新现象都表明该信号的产生,是由一种介于散射和击穿状态之间的新型激光-纳米团簇相互作用机制主导的。

离子光谱的存在可以直接表明相选择性激光诱导击穿光谱伴随着纳米等离子体的产生。这种局部的纳米等离子体结构是由纳米团簇的烧结过程引起的。烧结驱动的激光-纳米团簇相互作用与激光损坏固体材料形成的微米颗粒完全不同,主要基于以下 3 个方面的原因:①在相选择性激光诱导击穿光谱中,电子雪崩过程中的碰撞电离可忽略不计[166];②并未观察到微米颗粒表面的爆炸性气化[167];③直接的光子-声子耦合效应并不是其主导过程。此外,这种全新的激光-纳米相互作用机制也区别于高能光子撞击范德华晶体,在该撞击过程中多光子激发效应很弱,使这种高能光子撞击过程具有

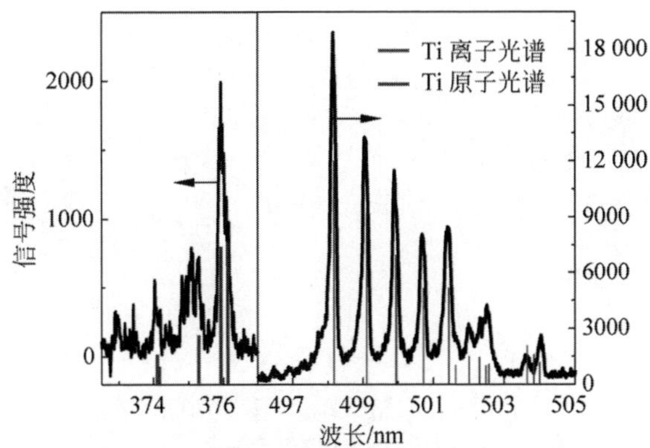

图 2.3 典型的相选择性激光诱导击穿下的特征原子发射光谱和特征离子发射光谱(见文前彩图)

准稳态特征[159],而相选择性击穿则表现出明显的多光子行为,即 Keldysh 绝热参数 γ 远大于 1。在激光诱导白炽光光谱测量炭烟颗粒[167]和金属氧化物纳米团簇[52,168]中也观察到类似的烧融现象,但在白炽光光谱中激光直接加热是占主导地位的。而这些研究集中于颗粒物质的去除和黑体热辐射的测量,而非烧融产生的纳米等离子体。也有一些学者指出,晶格缺陷或表面激子可以促进能量低于能带能量的紫外光子来促进电子激发过程[157,169]。然而,这种相选择性激光诱导击穿光谱却无法在无定型纳米团簇的状态下产生,因此揭示其内在的物理机制仍然需要更多研究。

为了解释纳米团簇与激光相互作用下的烧融现象,首先测量了颗粒散射信号随激光强度的变化,如图 2.4 所示。纯气相火焰中气体分子的散射信号 $I_{g,scatter}$ 如图中圆形符号所示,纳米颗粒气溶胶的散射信号 $I_{a,scatter}$ 如图 2.4 中方形符号所示。可以看到气相分子的散射强度随激光强度以正比关系增加,而纳米气溶胶的散射强度却并不随激光强度正比增加,而是在一定激光强度后逐渐趋于饱和。

根据气体分子和气溶胶的散射信号,本书进一步给出颗粒的散射效率 η,定义为

$$\eta = \frac{I_{a,scatter} - I_{g,scatter}}{I_{incident}} \tag{2.3}$$

其中,$I_{a,scatter}$ 为气溶胶散射信号强度;$I_{g,scatter}$ 为气体分子的散射信号强度;$I_{incident}$ 为入射激光强度。通过气溶胶散射信号减去纯气体散射信号,可以直接表示纯粹来自颗粒部分的散射信号强度。颗粒对波长为 532 nm 入射激光

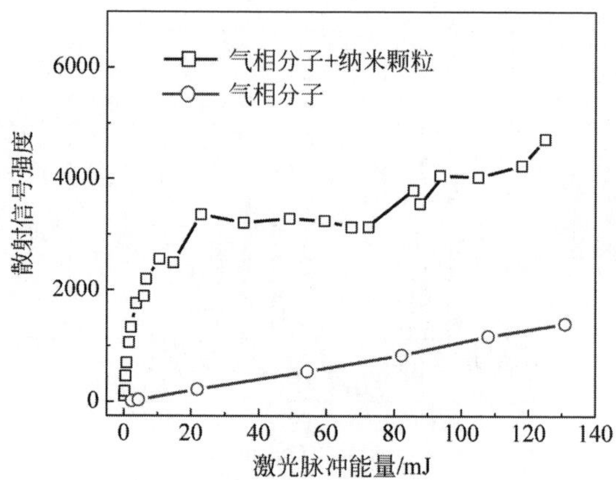

图 2.4　相选择性激光诱导击穿光谱的特征原子光谱

的散射效率和 Ti 原子光谱随激光强度的变化如图 2.5 所示，图中存在一个烧融阈值约为 0.8 mJ(0.16 GW/cm^2)，当激光强度低于该阈值时，纳米颗粒的散射效率维持恒定，而当激光强度大于该烧融临界值之后，颗粒的散射效率开始减小，这表明颗粒散射界面的减少，也预示着激光开始烧融纳米颗粒。更为重要的是，当激光强度超过烧融阈值时，同时观察到波长在 500 nm 附近的 Ti 原子发射光谱，即相选择性激光诱导击穿光谱信号。这些信号对应电子能级从 $3d^3 4s \sim 3d^3 4p$ 的能级跃迁。这进一步证实了纳米颗粒形成于颗粒的烧融过程。此外，原子发射光谱在激光强度超过 1 GW/cm^2 之后达到饱和，在后面的讨论中，这一饱和现象可以解释为强激光强度下，纳米颗粒烧融过程产生的电子数量随着激光强度的增加而趋向饱和的过程。

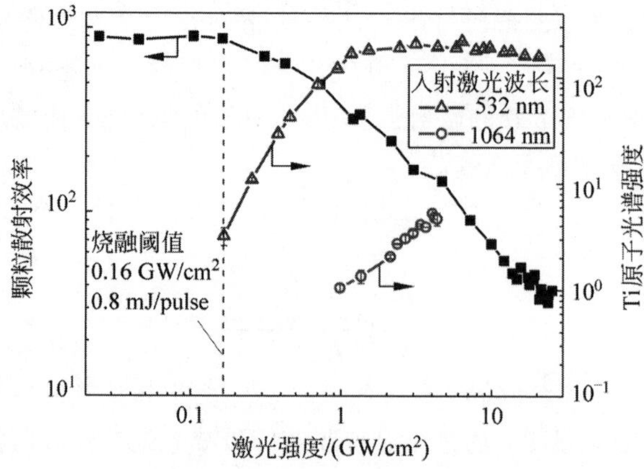

图 2.5　颗粒散射效率、Ti 原子光谱随激光强度的变化

为了检验热效应的作用，本书进一步将激光改为基频工作模式，用波长为 1064 nm 的激光来击穿纳米颗粒。在相同的火焰条件下，当波长为 1064 nm 的激光强度超过 1 GW/cm^2 时，开始产生相选择性激光诱导击穿光谱，比波长为 532 nm 时的情况高出约 6 倍。同时，在波长为 1064 nm 的激光击穿作用下的原子发射光谱非常弱，大约比具有相同强度的 532 nm 激光产生的原子光谱信号低 1～2 个数量级。波长为 1064 nm 的激光强度需要一直保持在 4.5 GW/cm^2 以下，因为在高强度下会观察到细微的火花击穿效应。由于波长较长、能量较低的光子更可能与纳米颗粒的振动能级（声子）相互耦合，而在波长为 1064 nm 激光激发下原子发射光谱较弱，且发生击穿的起始阈值较低，都直接说明光子-声子相耦合的热效应不是激光烧融产生相选择性激光诱导击穿过程的主要机制。

本研究进一步测量了在波长为 532 nm 激光激发下颗粒散射的时间分辨信号，纳米团簇的烧融过程如图 2.6 所示，对气体和纳米颗粒的时间分辨散射信号分别除以最大散射强度以实现归一化。激光信号开始的时刻被设置为起始时刻，以气体瑞利信号的出现时刻为标志。当激光强度低于烧融阈值时，如图 2.6 (a)和(b)所示，纳米的散射信号（黑色三角形）与气体瑞利信号（用高斯函数拟合为实线）几乎同步，这意味着在这两个激光强度下激光脉冲对纳米颗粒的作用由弹性散射主导。当激光强度超过烧蚀阈值时，纳米颗粒的散射明显偏离纯气体的散射信号，在前几纳秒跟随后发生突然下降的现象，随后再次增加。颗粒散射曲线的下降意味着颗粒散射截面的减少，即激光脉冲期间发生了颗粒从散射向烧融过程的转变。Ti 的原子光谱也大约出现在这个时刻。因此，转折点之前的信号来自颗粒的弹性散射，在此之后，信号则来自被烧融后的颗粒。为了衡量颗粒被烧融程度，在颗粒烧融之前的颗粒散射信号用高斯函数拟合，由虚线表示。烧融过程的颗粒碎裂程度可以通过比较实线和虚线的最高值来估计。随着激光强度的增加，颗粒破碎程度增加，这与图 2.5 中颗粒的总散射效率随着激光强度不断下降的趋势是一致的。此外，随着激光强度增加，颗粒开始发生烧融的时间不断提前，如图 2.6 中点画线和箭头标识。

根据半导体吸收理论[170]，TiO_2 纳米颗粒对 2.34 eV 光子的直接吸收十分困难，这是因为：①光子能量低于 TiO_2 纳米颗粒的能带宽度 3.2 eV；②晶格吸收区域位于红外光中；③表面无定型结构并不能显著增强 532 nm 激光的吸收[171]。而 1064 nm 激光下相选择性激光诱导击穿信号十分微弱，这一现象进一步证实了该过程不是由光子与声子相互耦合引起

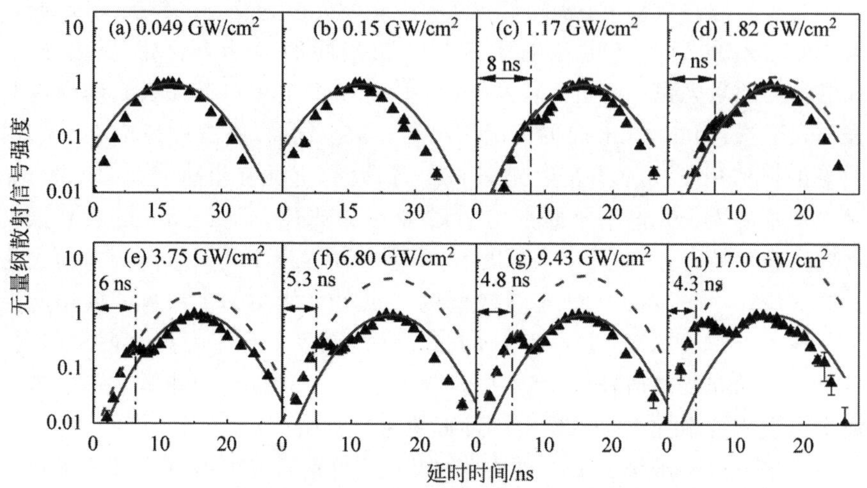

图 2.6　不同激光强度下，颗粒散射信号强度随延迟时间的变化

的。因此根据以上理论分析，可以判断多光子激发产生的导带电子直接造成了颗粒烧融。

导带电子在能带中的能量分布可以用福克-普朗克方程（Fokker-Planck equation）来描述[166,172]：

$$\frac{\partial}{\partial t}f(u,t)=\frac{\partial}{\partial u}\left[(B_{u,t}-A_{u,t})f(u,t)+D_{u,t}\frac{\partial f(u,t)}{\partial u}\right]+S \tag{2.4}$$

其中，$f(u,t)\mathrm{d}u$ 是在一个纳米颗粒中 t 时刻能量在 u 和 $u+\mathrm{d}u$ 之间的电子数量；$S=S_{\mathrm{MPI}}+S_{\mathrm{imp}}$ 表示考虑多光子激发和碰撞电离的电子源项。由于 TiO_2 纳米颗粒具有较大的能带间隙 3.2 eV，这里可以忽略电子与空穴的重组效应。式(2.4)右边第一项是单位时间能量值 u 下的电子数净增。这一结果由能量空间中导带电子的对流、扩散和反应造成。其中对流项包含电子经由碰撞吸收电磁波的速率，即焦耳加热速率 $A_{u,t}$ 和电子能量损失速率 $B_{u,t}$。焦耳加热速率的具体表达式为

$$A_{u,t}=\frac{e^2 I}{m\varepsilon_0 c}\frac{\nu(u)}{\nu(u)^2+\omega_{\mathrm{laser}}^2} \tag{2.5}$$

其中，I 为激光强度；m 为晶格内的有效电子质量；ω_{laser} 为激光频率；e 为电子能量；$\nu(u)$为电子与晶格的碰撞频率。Fröhlich 和 Callen 给出了电子与晶格碰撞的频率 $\nu(u)$和相应的能量损失损率 $B_{u,t}$ 的表达式[173-174]。

式(2.4)事实上描述的是一个能量空间上的对流扩散方程，仿照纳维-

斯托克斯方程(Navier-Stokes equation),可以将福克-普朗克方程无量纲化为如下形式:

$$\frac{\partial f^*}{\partial t^*}\frac{t_{\mathrm{conv}}}{t_{\mathrm{laser}}}=\frac{\partial}{\partial u^*}\left(f^*+\frac{t_{\mathrm{conv}}}{t_{\mathrm{diff}}}\frac{\partial f^*}{\partial u^*}\right)+\frac{t_{\mathrm{conv}}}{t_{\mathrm{react}}}F_{\mathrm{mpi}}(u^*) \tag{2.6}$$

其中,t_{laser} 是激光脉冲的时间尺度(约 10 ns);$t_{\mathrm{conv}}=E_{\mathrm{bg}}/(B-A)$是对流时间($10^{-7}\sim10^{-6}$ ns);$t_{\mathrm{diff}}=E_{\mathrm{bg}}{}^2/D$ 是扩散时间($0.1\sim10^2$ ns);$t_{\mathrm{react}}=2h\nu/\beta I^2V_{\mathrm{p}}$ 是双光子吸收($10^{-6}\sim1$ ns)的激发时间,其强烈依赖 0.02~20.4 GW/cm^2 的激光强度(其中 β 是双光子吸收系数;I 是激光强度;$h\nu$ 是光子能量);$f^*=fE_{\mathrm{bg}}$ 是一个纳米颗粒中的无量纲电子分布函数;$F_{\mathrm{mpi}}(u^*)$描述由多光子电离产生的无量纲电子能量分布函数。

这里定义能量空间中的斯特劳哈尔数 $Sr_{\mathrm{E}}=t_{\mathrm{laser}}/t_{\mathrm{conv}}$,表示固有时间尺度与对流特征时间尺度的比值,估计为 $10^7\sim10^8$。因此整个烧融过程近似准稳态。能量空间中的贝克来数 $Pe_{\mathrm{E}}=t_{\mathrm{diff}}/t_{\mathrm{conv}}$,为 $10^5\sim10^9$。因此,导带电子在能量空间中的扩散效应可以忽略,并且高能量电子的碰撞电离作用可以忽略。无量纲邓克尔数 $Da_{\mathrm{E}}=t_{\mathrm{conv}}/t_{\mathrm{react}}$,根据激光强度的不同为 0.02~20.4 GW/cm^2,这一参数从 10^{-6} 变化到 1。而一般在中等强度的激光强度下,电子在双光子激发后就通过碰撞弛豫迅速到达导带的底部。

在 $Sl_{\mathrm{E}}\geqslant1$,$Pe_{\mathrm{E}}\geqslant1$ 和 $Da_{\mathrm{E}}\leqslant1$ 的条件下,电子通过双光子吸收被激发到导带,与晶格的碰撞通过电子能量损失返回到导带的底部,即电子充当激光与晶格之间的能量交换载体,如图 2.7 所示。这种吸收-烧融-激发的激光纳米颗粒的相互作用机理,不同于传统的激光诱导击穿和强烈的激光-纳米团簇的相互作用。对于传统的激光诱导击穿机制,电子向较高能级的扩散有助于碰撞电离,因此 Pe_{E} 达到 1[166]。对于激光-纳米团簇的相互作用过程,一般使用超短激光脉冲(如皮秒或飞秒脉冲)[159],因此 $Sl_{\mathrm{E}}\geqslant1$ 的假设是无效的,整个过程不能被视为准稳态。对于激光诱导的金属颗粒破碎,由于金属中存在大量的近自由电子,这导致了 $Da_{\mathrm{E}}\leqslant1$[175],与本书研究的物理机制不同。

基于以上分析,本书提出了一个简化的烧蚀模型,假设所有的导带电子由双光子激发产生,则导电单子数量 N 的增长率可以表示为

$$\frac{\partial N}{\partial t}=\frac{\beta I^2V_{\mathrm{p}}}{2h\nu} \tag{2.7}$$

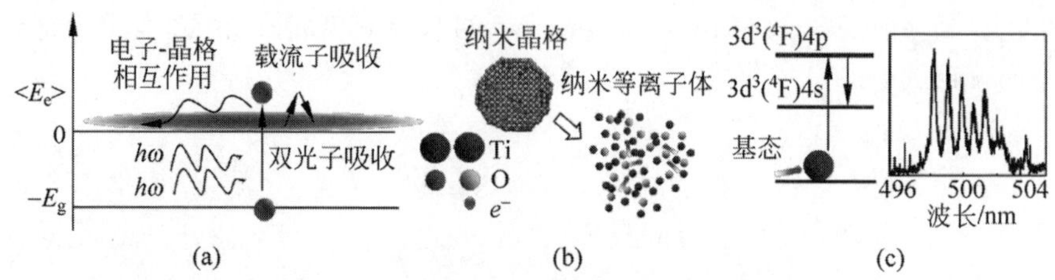

图 2.7　相选择性激光诱导击穿诱导击穿光谱的吸收-烧融-激发机理

(a) 吸收；(b) 烧融；(c) 激发

纳米颗粒晶格在功率为 $A_{u,t}N$ 的吸收作用下，由导带电子通过焦耳加热作用将激光的能量转化为晶格能量，从而使颗粒发生气化破碎。

根据这个简化模型可知，激光越强，就会越快产生导带电子，电子的热量传导作用也越强，纳米颗粒就可以在越短的时间内被烧融。根据该模型进行烧融时间的预测，结果如图 2.8 所示。在大部分激光能量范围内，烧融过程的时间都与实验测量结果一致。但在较大激光强度下，模型和预测产生了一定的偏差，这可能是由 Da_{E} 并不严格满足远小于 1 的假设导致的，此时并非所有电子都处于导带底部。可以注意到，当激光强度小于烧融极限(约 0.16 $\mathrm{GW/cm^2}$)时，烧融时间与激光脉冲持续时间大致相同。即在该强度阈值以下，颗粒烧融所需的时间比激光脉冲更长，这使颗粒的烧融过程无法完成。

随着激光强度的增加，颗粒烧融完成时自由电子的数量首先增加，然后逐渐趋于饱和，如图 2.8 中的实线所示。电子数的饱和趋势在一定程度上

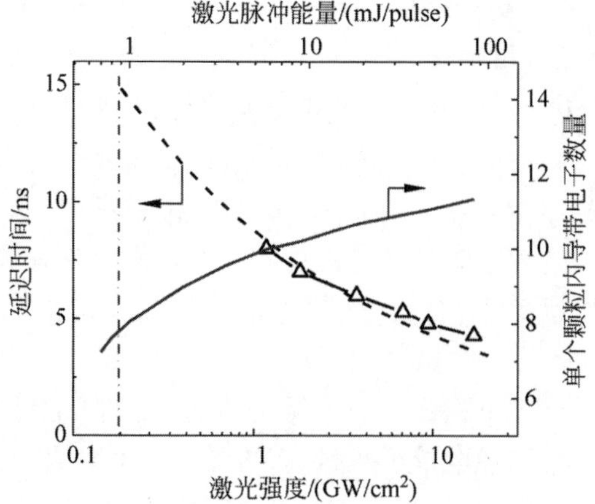

图 2.8　激光强度的烧结延迟时间与电子数

三角形为根据图 2.6 测量得到的延迟时间数据，黑色虚线为双光子吸收的简化模型得到的结果

可以解释之前观察到的 Ti 原子发射光谱在高激光强度下的饱和效应，更进一步的解释需要对电子能量分布演化有更为详细的了解。此外，作为一种光谱测量方法，颗粒烧融过程只发生在激光脉冲存在的约 10 ns 内，在 10 Hz 的脉冲频率条件和有限的光束辐射区域，烧融的颗粒最多也只占全部颗粒的 10^{-7}，这几乎可以认为是无影响的，进而确保了激光测量的无扰特性。

2.2.3　相选择性激光诱导击穿光谱的定量测量

由于该击穿光谱具有相选择性，且无韧致辐射发生，在对纳米颗粒进行烧融和激发后，就可以实现对颗粒体积分数的在线定量测量。从测量角度考虑，可以将颗粒形貌、颗粒体积分数与激光强度对信号强度的影响因素进行独立考虑，因而信号强度可以近似表达为

$$I=\varphi f(I_{\text{laser}})g(d_{\text{p}}) \tag{2.8}$$

其中，φ 为颗粒体积分数；$f(I_{\text{laser}})$表示激光强度 I_{laser} 对信号的影响；$g(d_{\text{p}})$表示颗粒粒径 d_{p} 对信号的影响。如 2.2.2 节所述，单个纳米颗粒中的电子数目在颗粒烧融时将达到饱和，相选择性激光诱导击穿光谱信号强度随激光强度不再改变，即此时 $f(I_{\text{laser}})$达到饱和，是一个常数。

颗粒粒径对相选择激光诱导击穿信号强度的影响实际上是更具有一般意义的相选择特性，当颗粒粒径达到单分子时，不产生原子光谱，即此时对粒径响应函数 $g(d_{\text{p}})=0$。图 2.9 表示了在激光饱和状态下颗粒粒径为 3.8～9.6 nm，无量纲信号强度和能带宽度随平均颗粒粒径的变化规律。信号强度由前驱物的浓度进行归一化，以消除颗粒体积分数的影响。因此，此时纵坐标即表示 $g(d_{\text{p}})$的变化规律。可以看到，当颗粒粒径小于 8 nm 时，$g(d_{\text{p}})$函数随着颗粒粒径的减小而减小。在 2.2.2 节的理论分析中，可以注意到能带宽度 E_{bg} 对双光子吸收和随后的烧融过程都起到了重要作用。因此，纳米颗粒的能带宽度受颗粒粒径影响显著。对于小粒径颗粒，晶格结构中的无限周期性假设会被大的曲率打破，这种效应被称为量子限域效应(Quantum confinement effect)[176]。对于 TiO_2 纳米颗粒而言，随着颗粒直径的下降，价带中的有效位点被压缩而导带却几乎不受影响，这就直接导致了能带宽度增加[177]。

依据有效质量模型[176]，能带漂移可以被估计为

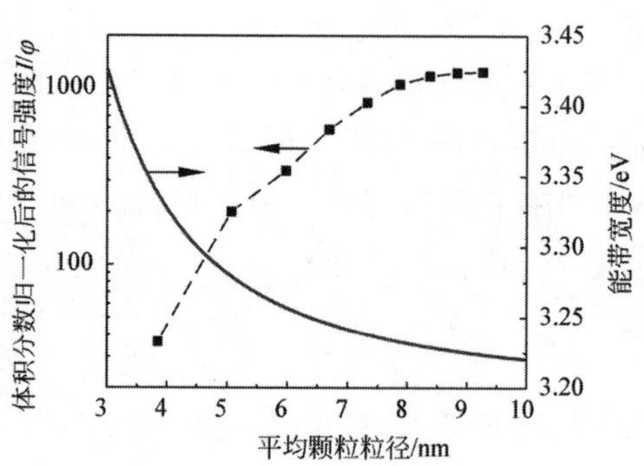

图 2.9　无量纲的信号强度和能带宽度随平均颗粒粒径变化

$$\Delta E_{\mathrm{bg}}=\frac{2h^2\pi^2}{d_{\mathrm{p}}^2}\left[\frac{1}{m_e^*}+\frac{1}{m_{\mathrm{h}}^*}\right]-\frac{3.572e^2}{\varepsilon d_{\mathrm{p}}}-0.248E_{\mathrm{Ry}}^* \tag{2.9}$$

其中，h 为约化普朗克常数；d_{p} 为颗粒粒径；m_e^* 和 m_{h}^* 分别为电子和空穴的有效质量；ε 为介电常数；e 是基础电荷常数；E_{Ry}^* 是 Rydberg 能量。式(2.9)中后面两项对纳米 TiO_2 而言可以忽略。在该项中，能带的增加反比于粒径的平方。取 $m_e^*=10m_e$ 和 $m_{\mathrm{h}}^*=0.8m_e$[177]，计算的能带宽度变化如图 2.9 黑色实线所示。当纳米颗粒粒径降到 5 nm 以下时，颗粒的能带变化就变得非常显著。较大的能带宽度阻碍了多光子激发过程，进而减缓了初始电子密度。当颗粒粒径小于 1.2 nm 时，能带宽度为 4.7 eV，此时就需要一个三光子吸收过程才可能实现电子跃迁。而相较于双光子过程，三光子过程则几乎是一个不可能发生的物理过程。

信号在颗粒粒径小于 6～8 nm 时对粒径的依赖性严重限制了颗粒体积分数的定量测量，并且由于电子和空穴的有效质量这一数据不确定性较大，因此粒径选择性很难被用在模型中进行精确计算考量。但当粒径大于 8 nm 时，相选择性激光诱导击穿光谱信号就不再随粒径变化，即 $g(d_{\mathrm{p}})$ 这一项趋近饱和。

在 $f(I_{\mathrm{laser}})$ 和 $g(d_{\mathrm{p}})$ 都达到饱和的情况下，可以将信号强度 $I_{\mathrm{PS\text{-}LIBS}}$ 与纳米颗粒的颗粒体积分数 φ 进行直接关联。在实验中，直接改变合成前驱物浓度，由于该合成器近似一个柱塞流反应器，因而颗粒数浓度近似由前驱物浓度决定，可以通过一维群平衡模型计算得到。在图 2.10 中可以发现信号强度随着颗粒体积分数的增加而增加，且满足极好的线性性质。在第 3 章中也可以发现对于其他金属氧化物的纳米颗粒也有类似的线性性质。因此在粒径大于 6～8 nm，激光强度位于饱和区间时，相选择性激光诱导击穿光谱信号可以用于纳米颗粒体积分数的定量测量。

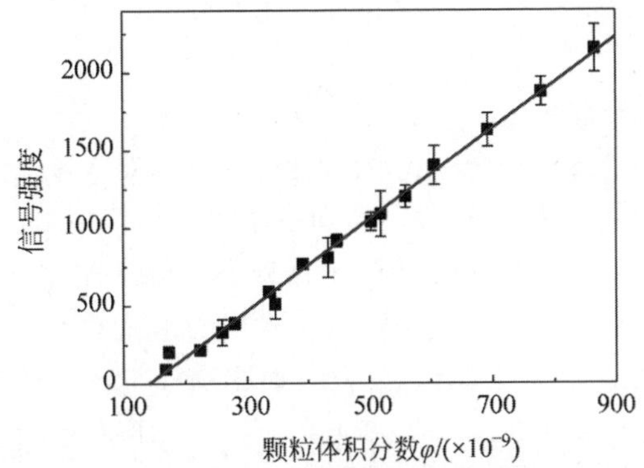

图 2.10　相选择性激光诱导击穿光谱信号强度随颗粒体积分数的线性增加

2.2.4　相选择激光诱导击穿光谱的二维测量

由于在相选择性激光诱导击穿光谱中，形成的纳米等离子体只位于局部位置，并无可见火花产生，因此可以将激光进行片光，照射一个区域范围内的纳米颗粒，从而实现二维测量，具体实验装置如图 2.11 所示。

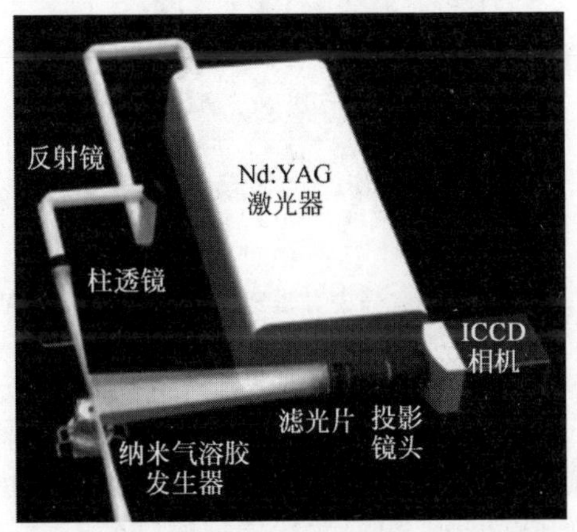

图 2.11　二维相选择性激光诱导击穿光谱测量装置

可以看到，在二维图像测量中，激光束直接由焦距 $f=400$ mm 的柱透镜聚焦得到激光片光源，使其通过气溶胶发生装置。用焦距为 50 mm 的尼康镜头连接到 ICCD 相机前用于成像。对于波长在 500 nm 附近的 Ti 原子发射光谱，使用中心波长为 500 nm、半高宽度为 10 nm 的带通滤光片(andover)放置在相机镜头前，在光谱上滤除其他波长的信号。在聚焦位置，片光的能量可以达到 2.4 GW/cm^2，此值可以达到图 2.5 中原子光谱的饱和区。

将聚焦得到的片光(光束宽度为 6 mm，腰宽不小于 100 μm)通过气溶胶发生装置，经过波长为 500 nm 的带通滤光片获得 TiO_2 纳米颗粒体积分数分布的二维图像，如图 2.12 所示，图中本生灯火焰面由白色虚线标记，呈一个圆锥形状。可以清楚地看到 TiO_2 纳米颗粒在该锥形火焰面下游形成。在该火焰面上游，Ti 元素以气相前驱物的形式存在，并没有被激光激发，而一旦该前驱物进入火焰预热区域，前驱物 TTIP 在高温下与水蒸气反应，快速形成 TiO_2 纳米颗粒。在 1000 K 下，TTIP 水解的特征时间尺度约为 1 ps 甚至更少，与流动时间 100 ms 相比可以忽略不计。成核过程几乎是瞬时的。Ti 原子发射光谱信号在火焰面处的快速增加验证了快速化学反应速率，从而证实了在非均相反应系统中，可以利用相选择性激光诱导击穿信号观察气体到颗粒凝聚相的转化过程。

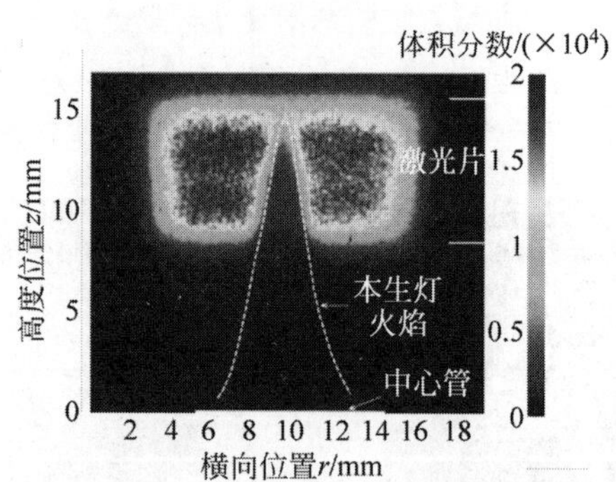

图 2.12　二维相选择性激光诱导击穿光谱的测量结果(见文前彩图)

此外，信号在火焰面后 1～2 mm 就达到了基本稳定，表明体积分数在空间上保持近似守恒。这与纳米颗粒在成核后的碰撞-聚并规律相关。在第 3 章关于群平衡过程的讨论中，可以发现这种碰撞聚并过程实际上是一个颗粒体积分数守恒的过程，只受气体密度变化的影响。而由于多元扩散平焰的温度维持作用，温度沿着轴向和径向都没有较大改变，因而信号基本维持恒定不变。激光片光在聚焦位置处的局部能量已达到饱和状态，沿着激光光路没有发现明显的信号衰减。通过测量进入和离开反应区的激光能量，也没有明显的能量衰减。图 2.12 中二维分布的左右边缘附近信号发生衰减，这是由于气相前驱物以及较小纳米团簇在火焰面上游发生边界位置处的扩散，这显示出相选择性激光诱导击穿光谱的空间分辨率足以识别复杂火焰场中的体积分数梯度。

该二维信号同样可以被用来进行颗粒体积分数的定量测量。以不同进给速率添加前驱物时，可以得到火焰下游 TiO_2 纳米颗粒的不同体积分数。由于所有前驱物都快速转化为 TiO_2 纳米颗粒，火焰下游的颗粒体积分数可以用预混气体中的 Ti 浓度来表示。图 2.13 显示了不同的前驱物进给速率下位于燃烧器上方 14 mm 水平位置处的 Ti 原子光谱强度分布情况，可以看出，随着颗粒体积分数的增加，原子发射光谱强度相应地在焰后增加。图 2.13 插图中统计了固定位置处(径向位置 $r=1.77$ mm，离喷口高度 $z=13.15$ mm)的信号强度与 Ti 原子浓度之间的关系，该强度值通过 9 个相邻像素平均确定。信号强度与 Ti 原子浓度近似成比例，这表明局部颗粒相体积分数可以由二维相位选择性激光诱导击穿光谱直接定量分辨。值得注意的是，对于较低和较高的 Ti 浓度，信号强度分别低于和高于正比拟合线。这些小的偏差可归因于 TiO_2 纳米颗粒粒径分布的多分散性。当颗粒的平均尺寸大于临界尺寸时，在该位置的颗粒也总存在一部分颗粒的直径小于该临界尺寸，这导致相选择性激光诱导击穿光谱的强度普遍偏低。较低的前驱物浓度通常对应较小的平均粒径，此时有更多的颗粒落在临界尺寸之内，信号也就达到饱和。

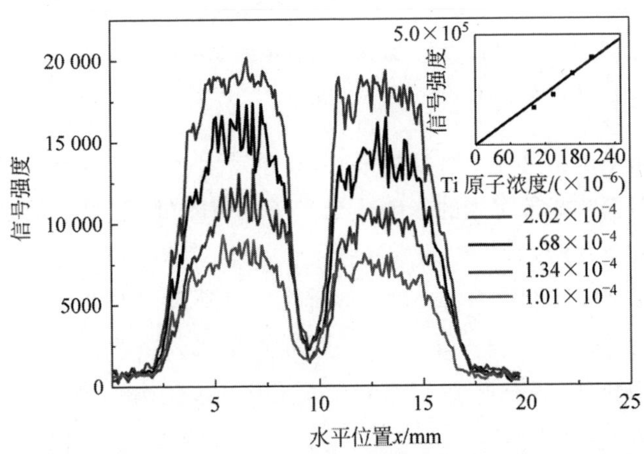

图 2.13　不同前驱物进给速率下，燃烧器上方 14 mm 水平位置处的 Ti 原子光谱强度分布情况

插图显示了信号强度和预混气体中 Ti 浓度之间的线性关系

2.2.5　激光与物质相互作用相图

相选择性激光诱导击穿光谱作为一种全新的在线激光诊断技术，因其独特的物理机理而与其他光谱截然不同。图 2.14 将不同在线光学诊断方法和相应的测量数据标记在激光与物质相互作用的相图上。当激光能量较小时(如小于 10^{-4} GW/cm^2)，弹性和非弹性散射是主要作用机制，对应激光诱导散射光谱和拉曼光谱。

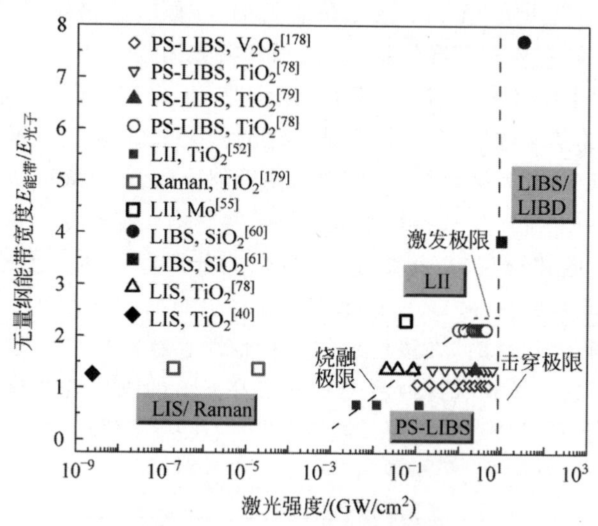

图 2.14　激光与物质相互作用相图

数据点来自本研究及相关文献[40,52,55,60-61,78-79,178-179]

当激光强度超过一个特征极限时，颗粒发生烧融，且该烧融过程同时受光子能量和颗粒能带宽度的影响。当光子能量不够强，并不足以使电子跨越能带发生激发时，所需要的激光强度就会更高，以实现多光子吸收过程。因此，烧融极限在该相图中表示为一条斜线，如图 2.14 中虚线所示。在紫外光下，Ti 原子光谱可以在小于 10^{-2} GW/cm^2 的光强下产生；而对于 532 nm 可见光，该极限则增加到 10^{-1} GW/cm^2；在 1064 nm 红外光照射下，该极限则增加到 1 GW/cm^2。

如果颗粒的能带宽度显著超过光子能量，则颗粒只是被激光加热，而不会发生烧融过程，也不会产生等离子体，此时热效应的相互作用对应激光诱导白炽光光谱。之前研究观察到 Mo、Fe 等金属颗粒在 1064 nm 激光下同时发现热辐射光谱和原子光谱的叠加，表明同时有激光加热和激光烧融过程[180]。一般认为，激光诱导白炽光光谱在高能带材料或非金属物质，如炭烟和 Si 颗粒等中更易产生[181]，因产生自由电子更难。故原子光谱与热辐射光谱是否发生由是否发生电子激发过程来控制，可以通过物质能带相来区分，如图 2.14 中激发极限所示。

当激光强度非常强，超过一个击穿极限，足以击穿所有物质时，则会产生传统激光诱导击穿光谱。此时可以在对信号标定后，根据等离子体冷却后发出的原子光光谱检测元素组成。Amodeo 等用传统激光诱导击穿光谱测量了 SiO_2 颗粒[60]。然而该方法很少用于复杂火焰场中的在线激光诊断，这是因为高强度的等离子体过程磨灭了相态信息和空间信息，即测量得到的信号值为一个区域内所有相态的积分结果。

相选择性激光诱导击穿光谱位于烧融极限、激发极限和击穿极限之间，为一个之前研究没有涉及的激光与物质相互作用领域，可以较好地测量选择性激发复杂火焰场中凝聚相颗粒物质，同时又包含元素信息，可以较好地应用于火焰合成、煤燃烧污染物生成、等离子体合成等复杂火焰过程。

2.3　基于波长调制的吸收光谱方法

2.3.1　吸收光谱原理

可调节二极管激光光谱广泛用于科学研究和工业应用，可以提供针对温度、压力和速度的在线、无扰的测量。产生的红外激光穿过待测气体，通过检测透射光得到气体组分的吸收光谱。其中入射光 I_0，透射光 I_t 满足比尔兰伯特定律(Beer-Lambert law)：

$$I_t = I_0 \exp(-\alpha L) \tag{2.10}$$

其中，α 为吸收系数(m^{-1})；L 为待测气体的长度(m)。待测吸收系数 α 可以通过气体组分摩尔分数 x 和温度 T 相关联：

$$\alpha = \phi_\nu S(T) p x \tag{2.11}$$

其中，ϕ_ν 是谱线形状；$S(T)$是谱线强度，只与温度 T 相关；p 是环境压力。

谱线强度 $S(T)$可以通过式(2.12)计算：

$$S(T) = S(T_0)\frac{Q(T_0)}{Q(T)}\frac{T_0}{T}\cdot$$

$$\exp\left(-\frac{hcE''}{k_B}\left(\frac{1}{T}-\frac{1}{T_0}\right)\right)\frac{\left[1-\exp\left(-\frac{hc\nu_0}{k_BT}\right)\right]}{\left[1-\exp\left(-\frac{hc\nu_0}{k_BT_0}\right)\right]} \tag{2.12}$$

其中，$S(T_0)$表示在固定温度下吸收强度为固定值；$Q(T)$为配分函数；h为普朗特常数；c为光速；E''为低能级；k_B为玻尔兹曼常数；ν_0为中心波长位置。

谱线形状函数是一个Voigt函数，由洛伦兹展宽函数(Lorentzian broadening)和高斯展宽函数(Gaussian broadening)的卷积而成。洛伦兹展宽函数由自然展宽$\Delta\nu_N$(natural broadening)与碰撞展宽$\Delta\nu_C$(collisional/pressure broadening)共同控制，而Gaussian展宽函数由多普勒展宽$\Delta\nu_D$(Doppler broadening)控制决定。其展宽通过式(2.13)计算：

$$\begin{cases}\Delta\nu_N=\dfrac{1}{\tau_u}\\ \Delta\nu_C=2p\sum\limits_A x_A\gamma_A\\ \Delta\nu_D=2\sqrt{\dfrac{2k_BT\ln 2}{mc^2}}\nu_0\end{cases} \tag{2.13}$$

一般而言，自然谱线宽度$\Delta\nu_N$约为$10^1\ \text{s}^{-1}$远小于$\Delta\nu_C$和$\Delta\nu_D$为$10^8\sim10^9\ \text{s}^{-1}$，因而可以忽略不计。在碰撞展宽$\Delta\nu_C$的表达式中，$x_A$是与待测组分相碰撞的所有种类分子的摩尔分数，$\gamma_A$为展宽系数，满足近似式$\gamma_A(T)=\gamma_A(T_0)(T_0/T)^n$，相关系数可以在数据库中查到。在多普勒展宽$\Delta\nu_D$的表达式中，$m$是分子质量。还需要考虑的是中心谱线的位移$\Delta\nu_s$：

$$\Delta\nu_s=\delta(T_0,P_0)\,p\left(\frac{T_0}{T}\right)^M \tag{2.14}$$

其中，δ(cm^{-1}/atm，其中1 atm＝101325 Pa)为压力导致的谱线位移；M为温度系数，约为0.96。最终福格特(Voigt)吸收谱线函数可以由一个Voigt函数表示为$V(x,y)$：

$$\phi_V(\nu-\Delta\nu_s)=\frac{2\sqrt{\ln 2}}{\sqrt{\pi}\,\Delta\nu_D}V\left(\sqrt{\ln 2}\,\frac{\Delta\nu_C}{\Delta\nu_D},\frac{2\sqrt{\ln 2}\,(\nu-\nu_0)}{\Delta\nu_D}\right) \tag{2.15}$$

这里选择采用了7185 cm^{-1}和7444 cm^{-1}附近的波长。其中H_2O分子的吸收谱线在以上两个波长范围内的数据如表2.1所示。根据该表中数据，可以计算H_2O分子在$L=1$ m，$T=300$ K，$p=101.325$ kPa，$x=0.01$

下的典型谱图。如图 2.15 所示，黑色线表示 H_2O 分子在 7444.2～7445.2 cm^{-1} 的吸收峰，由 6 个小的吸收峰组合而成。

表 2.1　H_2O 分子的光谱数据选自 HITRAN2012 数据库

	波长 /cm^{-1}	谱线强度 S@296K /(cm^{-2}/Pa)	空气展宽 γ_{air} /cm^{-1}	自展宽 γ_{self} /(cm^{-1}/Pa)	低能级 E'' /cm^{-1}	温度系数 n	谱线位移 δ /(cm^{-1}/Pa)
二极管激光 1	7185.394	1.263×10^{-8}	0.0924	4.293×10^{-6}	4470.252	0.66	-8.803×10^{-8}
	7185.401	2.566×10^{-9}	0.0523	3.109×10^{-6}	1474.980	0.56	-1.358×10^{-7}
	7185.443	9.474×10^{-10}	0.0808	4.145×10^{-6}	7820.410	0.57	-1.388×10^{-7}
	7185.577	2.763×10^{-9}	0.0910	3.859×10^{-6}	4460.511	0.60	-1.145×10^{-7}
	7185.597	4.885×10^{-8}	0.0342	3.661×10^{-6}	1045.058	0.62	-1.609×10^{-7}
	7185.597	1.461×10^{-8}	0.0421	1.925×10^{-6}	1045.058	0.62	-1.328×10^{-7}
	7185.696	1.569×10^{-11}	0.0920	3.859×10^{-6}	2130.494	0.70	-1.656×10^{-7}
	7185.847	1.165×10^{-12}	0.0683	3.859×10^{-6}	7420.073	0.74	-1.236×10^{-7}
	7185.913	7.747×10^{-13}	0.0346	2.319×10^{-6}	2551.482	0.36	-2.187×10^{-7}
	7185.936	5.438×10^{-14}	0.0922	4.283×10^{-6}	3895.587	0.69	-9.514×10^{-8}
二极管激光 2	7444.352	5.339×10^{-9}	0.0199	1.974×10^{-6}	1774.750	0.24	-2.011×10^{-7}
	7444.368	1.530×10^{-9}	0.0188	2.467×10^{-6}	1806.670	0.36	-2.550×10^{-7}
	7444.369	4.599×10^{-9}	0.0153	2.270×10^{-6}	1806.669	0.36	-2.694×10^{-7}
	7444.561	1.609×10^{-9}	0.0209	2.122×10^{-6}	1774.615	0.24	-1.815×10^{-7}
	7444.695	5.379×10^{-9}	0.0534	3.583×10^{-6}	1437.968	0.48	-6.188×10^{-8}

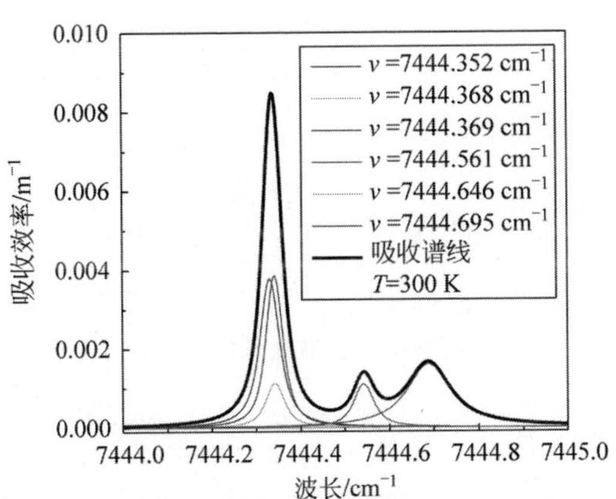

图 2.15　吸收效率与波长之间的关系(见文前彩图)

2.3.2　吸收光谱实验装置

可调谐二极管激发吸收光谱的装置示意图如图 2.16 所示。两个独立的二极管激光器(NEL：NLK1B5EAAA 和 NLK1E5GAAA)分别位于中心波束 7444.4 cm^{-1} 和 7185.6 cm^{-1} 处，由低噪声电流驱动器(ILX-Lightwave，LDC-3908)分别独立控制。两个光纤分离器(Lightel，DWC-12-P-9010-1-R-1，UFD12P50/501R1)和单模光纤分束器将二极管激光按照实验装置图进行分束。激光光束分流为三部分：第一束激光通过马赫曾德干涉仪(Mach-Zehnder interferometer，MZI)，由平衡光电探测器测量得到 MZI 波长校准信号；第二束激光直接由光电探测器(Thorlabs，PDA10CS)测量得到参考背景光信号 $I_{BG}(t)$；第三束激光由聚光镜聚焦后穿过待测气体，最终由光电探测器检测到，并转化为测量光信号 $I_A(t)$。波束发生器与数据采集卡(national instruments，USB-6356/6366)同步，并由计算机中的 LabVIEW 软件统一控制。

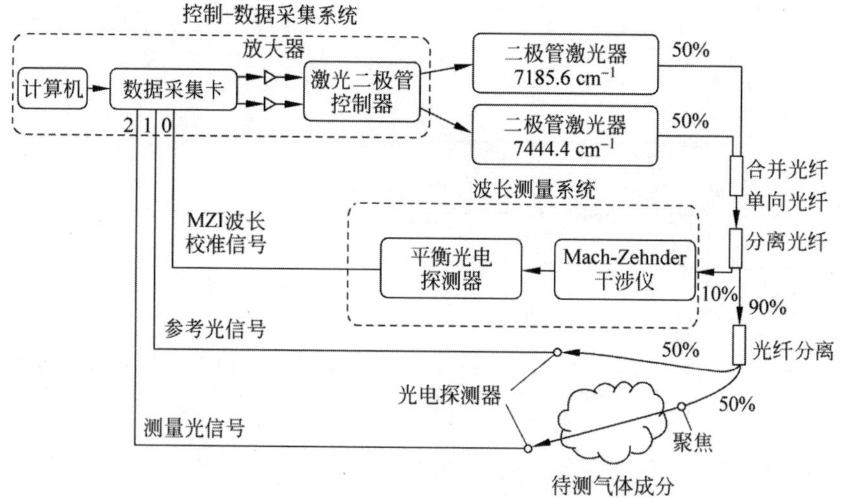

图 2.16　可调谐二极管激光吸收光谱实验装置

2.3.3　直接吸收测量

按照激光控制信号的不同，可调谐二极管激光吸收光谱可以分为直接吸收光谱(direct absorption，DA)和波长调制光谱(wavelength modulation spectroscropy，WMS)。在直接吸收光谱中，驱动电流随着时间线性增加，光谱的强度随电流增加而增加，波束则随电流增加而减少。最终的测量光信号值和参考光信号值如图 2.17 所示，二者相除即可得到 $\alpha(T,p)$。这里对参考光信号进行线性处理，使它在吸收系数为 0 的区域与测量光信号重合。将某一个吸收光谱面积 α_a 进行面积积分，可得

$$\int_{\nu_1}^{\nu_2} \alpha_a \mathrm{d}\nu = S_a(T)px \tag{2.16}$$

再将两个积分面积进行比值，可得

$$\frac{\int_{\nu_1}^{\nu_2} \alpha_a \mathrm{d}\nu}{\int_{\nu_1}^{\nu_2} \alpha_b \mathrm{d}\nu} = \frac{S_a(T)}{S_b(T)} = f(T) \tag{2.17}$$

其中，下标 a、b 表示两个不同位置的光谱。可以注意到此处函数 f 为一个只与温度 T 有关的函数，因而可以反演得到温度，进而得到组分浓度。

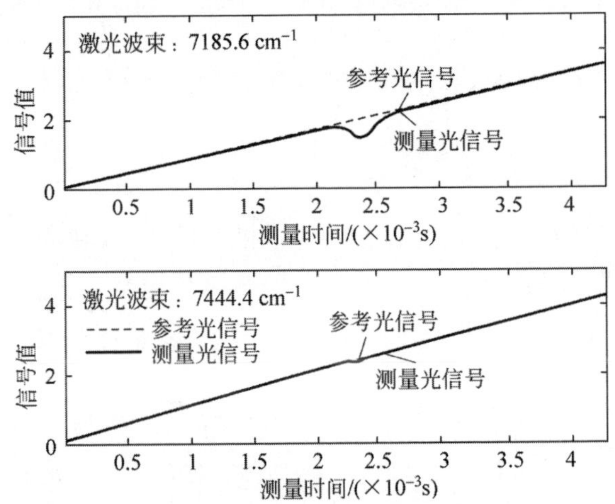

图 2.17　可调谐二极管激光吸收光谱测量光信号值和参考光信号值

图 2.18 显示了测量得到的吸收系数与模拟得到的吸收系数的比较，可以看到二者吻合良好，据此可以得到待测气体的温度 T 和组分浓度 α。

但是值得注意的是，由于参考光和测量光的绝对强度对光路、探测元件等设备的依赖程度极大，无法做到参考光强与入射光强相等。而对参考光的线性变换事实上很容易引起最终吸收系数的误差。如果测量环境中存在高气压环境，光路中有壁面颗粒等非均相物质的干扰，则很容易造成参考光强的信号难以处理。这就是在直接吸收测量过程中的“基线”问题(baseline problem)。基线问题使传统的吸收光谱难以应对复杂火焰场中的凝聚相物质所带来的非气相光强吸收，严重局限了吸收光谱的应用范围。本研究

采用波长调制光谱以解决这一问题。

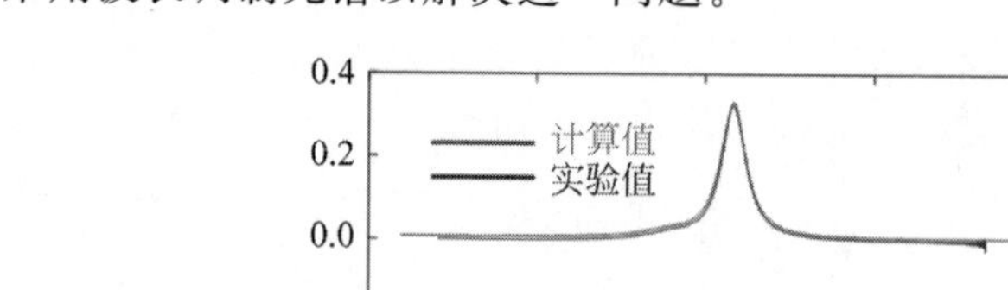
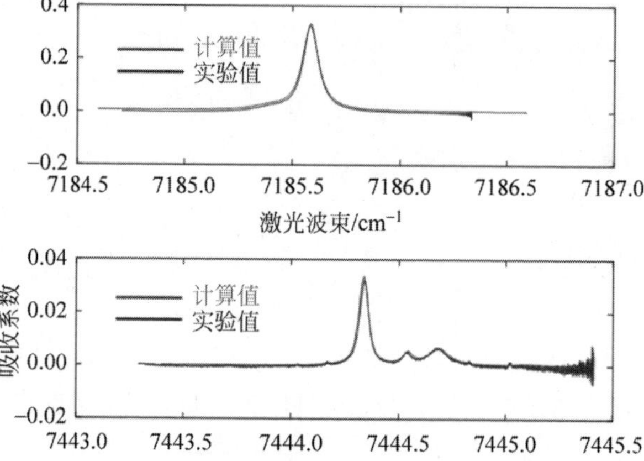

图 2.18 直接测量吸收光谱的测量结果与模拟结果的比较(见文前彩图)

2.3.4 波长调制光谱

在波长调制光谱中,激光在控制电流的驱动下,在按照扫描频率 f_s 扫描待测波束范围的基础上,还会被一个三角函数调制。这使激光的光强和波束同时以 f_m 的频率前后移动。此时,激光波束 $\nu(t)$ 和入射激光强度 $I_{BG}(t)$ 就可以表示为

$$\begin{cases}\nu(t)=\nu_s(t)+a_\nu(t)\sin(2\pi f_m t+\theta_\nu)\\ I_{BG}(t)=I_s(t)+a_I(t)\sin(2\pi f_m t+\theta_I)\end{cases}\tag{2.18}$$

其中,$\nu_s(t)$ 和 $I_s(t)$ 是激光扫描的强度;$a_\nu(t)$ 和 $a_I(t)$ 分别是非线性的激光波束和强度;$\theta_\nu(t)$ 和 $\theta_I(t)$ 则分别是激光波束和强度相对于控制电流的相位差。

波长调制光谱这一过程相当于锁频放大器。波长调制光谱的具体操作方法是用透射光 I_t 乘以 $\cos(2\pi nf_m)$ 或 $\sin(2\pi nf_m)$,n 为正整数(一般只取为 1 或 2),再用低通滤波器过滤得到 f_m 及以下频率的信号,具体表达方式如式(2.19)所示:

$$\begin{cases}X_{nf_m}=I_t[\nu(t)]\cos(2\pi nf_m t)\otimes \text{LP-filter}\\ Y_{nf_m}=I_t[\nu(t)]\sin(2\pi nf_m t)\otimes \text{LP-filter}\\ R_{nf_m}=\sqrt{X_{nf_m}^2+Y_{nf_m}^2}\end{cases}\tag{2.19}$$

其中,⊗指的是低通滤波过程；LP-filter 指的是低通滤波器(low-pass filter)；X_{nf_m} 和 Y_{nf_m} 意味着 nf_m($1f_m$ 或 $2f_m$)的 X 和 Y 组分；R_{nf_m} 指的是 nf_m 信号的幅值。分析波长调制后的信号包括多种方法,包括 $1f$ 归一化[21-22,182-186]、傅里叶模型分析[187]、恢复直接气体吸收谱线[188]等。在这些方法中,$1f$ 归一化是最经常用到的方法,因为 $2f/1f$ 的波长调制谱线并不依赖绝对激光强度。$1f$ 归一化减除背景的方法由 Reiker 等[21]提出,据此 WMS-$nf/1f$ 信号可以表达为

$$\mathrm{WMS}_{nf/1f}=\sqrt{\left(\frac{X_{nf}}{R_{1f}}-\frac{X_{nf}^{0}}{R_{1f}^{0}}\right)^{2}+\left(\frac{Y_{nf}}{R_{1f}}-\frac{Y_{nf}^{0}}{R_{1f}^{0}}\right)^{2}} \tag{2.20}$$

其中,上标“0”代表的是不经过气体吸收的背景值,即 X_{nf}^{0} 和 Y_{nf}^{0} 指的是 $I_{\mathrm{BG}}(t)$通过锁频放大器后的 X 和 Y 分量；R_{1f}^{0} 指的是 $1f$ 信号幅值。这里提出的无标定波长调制吸收光谱方法是一种基于光谱拟合的测量方法[22,183,186]。这个方法可以应用于高幅值的调频以及光学吸收很强的情景。一个气体吸收峰实际上对应着 $\mathrm{WMS}_{nf/1f}$ 的 $n+1$ 个峰。$\mathrm{WMS}_{2f/1f}$ 对应峰值的形状如图 2.19 所示。可以注意到,$\mathrm{WMS}_{2f/1f}$ 最高峰的位置与实际吸收峰的位置并不一致,因其强烈依赖波长调制的参数。

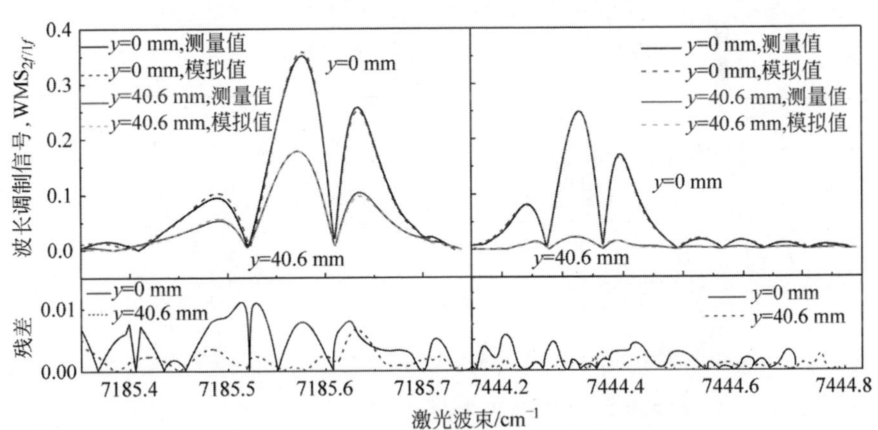

图 2.19　拟合得到与实验测量的波长调制光谱比较

本书提出了一种无标定波长调制吸收光谱的测量方案,如图 2.20 所示。首先假定在测量激光光路上的温度和组分分布时,根据数据库的数据,可以模拟得到 I_t^{sim},在经过锁频放大器后,得到了模拟波长调制信号 $\mathrm{WMS}_{2f/1f}^{\mathrm{sim}}$,测量光谱依据同样的方法得到波长调制信号 $\mathrm{WMS}_{2f/1f}^{\mathrm{exp}}$。二者

比较得到残差，如果残差足够合适，则认为假定的温度和组分分布合适，否则根据模拟退火算法重新调整温度和组分分布。最终，拟合过程就变成了对残差最小化的优化过程[184,189-190]：

$$R_{\text{SSR}}[T(x),c(x)]=\sum[(\text{WMS}_{2f_{\text{m}}/1f_{\text{m}}}^{\text{exp}}-\text{WMS}_{2f_{\text{m}}/1f_{\text{m}}}^{\text{sim}})^2] \tag{2.21}$$

这样操作的好处是，WMS 的信号产生虽然依赖调制和锁频放大器的参数设置，但模拟和测量的信息如果一致，则会产生相同的波长调制信号。因此，只要残差足够小，则模拟得到的温度信息即是实际测量的信息。

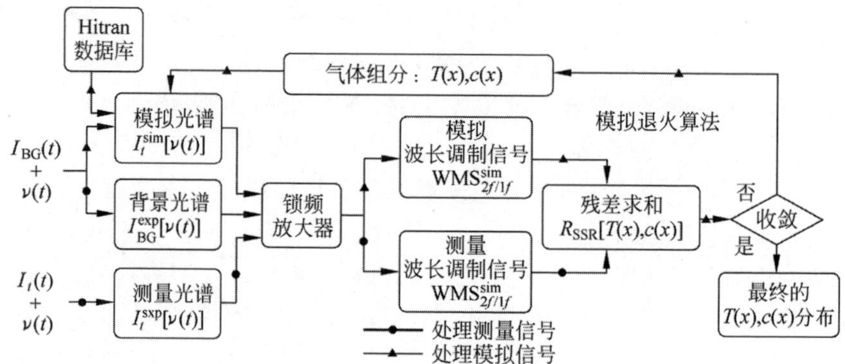

图 2.20　无标定波长调制光谱的测量方案

首先测量的对象是一个标准的预混平焰燃烧器(Mckenna burner)，其温度和组分分布可以近似为

$$\begin{cases} T(x)=\dfrac{T_{\text{en}}+T_{\text{flame}}}{2}+\dfrac{T_{\text{flame}}-T_{\text{en}}}{2}\text{erf}\left(\dfrac{|x|-L_{\text{f}}/2}{\delta}\right) \\ c(x)=\dfrac{c_{\text{en}}+c_{\text{flame}}}{2}+\dfrac{c_{\text{flame}}-c_{\text{en}}}{2}\text{erf}\left(\dfrac{|x|-L_{\text{f}}/2}{\delta}\right) \end{cases} \tag{2.22}$$

其中，T_{en} 表示环境温度；T_{flame} 表示火焰温度；erf(x)为误差函数；L_{f} 表示高温区长度；δ 表示边界位置的梯度尺寸。

在两个不同高度位置处，模拟和测量的沿程 H_2O 波长调制光谱的 $\text{WMS}_{2f/1f}$ 值以及二者比较相应的残差如图 2.19 所示，依据上述拟合模式得到了拟合的温度测量结果，如图 2.21 所示。该图对比了热电偶测量的温度结果和波长调制光谱的拟合温度结果。可以发现温度分布与热电偶测量结果几乎一致。这表明本书应用的波长调制光谱是准确的，可以进一步应用于近壁面测量结果。

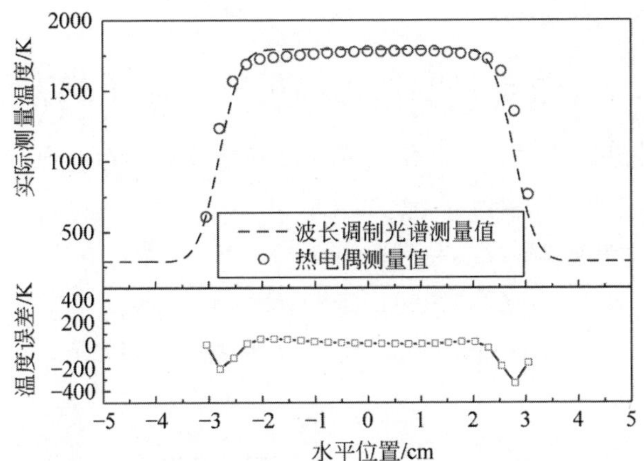

图 2.21　不均匀的温度分布测量结果与热电偶测量结果

进而考虑 $WMS_{2f/1f}$ 信号不依赖激光光束的绝对强度，可以将其应用于壁面遮挡下的近壁面测量。作为验证实验，这里用一个宽度 20 mm 的壁面遮挡直径约 1 mm 的光束，结果如图 2.22 所示。可以发现光线在不同的遮挡比例下，其 $WMS_{2f/1f}$ 信号保持基本不变。因而该方法可被用于吸收光谱的近壁面测量。

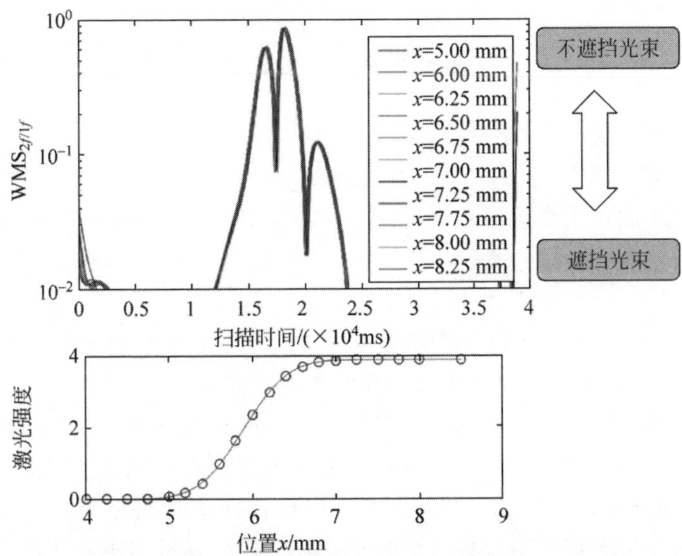

图 2.22　壁面遮挡光束的 WMS 光谱及激光光强在不同遮挡位置下的光强(见文前彩图)

2.4 基于化学荧光辐射的光学重构方法

典型的CH_4-空气火焰的化学荧光辐射光谱如图2.23所示。在特征峰位置存在特定的荧光辐射峰值。以CH自由基为例,其主要发光辐射过程由一个淬灭过程控制,可以表示为

$$CH^* + M \longrightarrow CH + M + h\nu \tag{2.23}$$

其中,CH^*表示CH自由基的激发态;M表示第三体物质;$h\nu$表示辐射的光子。

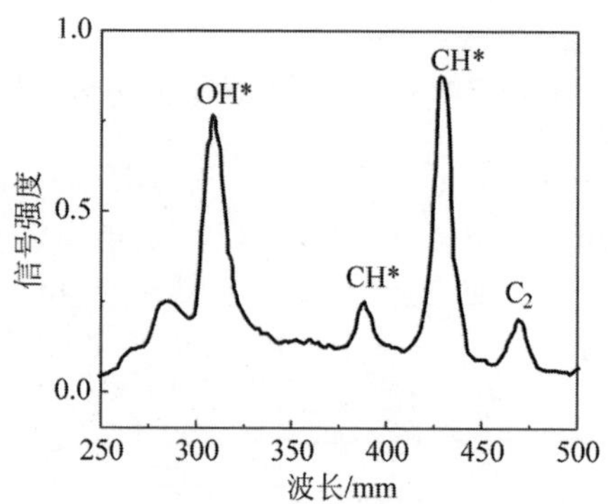

图2.23 一个典型CH_4-空气火焰的化学荧光辐射光谱

CH自由基最主要的辐射光谱位于431 nm和390 nm处,分别对应$A^2\Delta \rightarrow X^2\Pi$和$B^2\Sigma^- \rightarrow X^2\Pi$的转化过程[191],其中$A^2\Delta$,$B^2\Sigma^-$和$X^2\Pi$分别表示CH的3个能级。在碳氢燃料的火焰中,火焰等离子体相的电离过程同样依赖这一碰撞过程[192]:

$$CH^*(A^2\Delta, B^2\Sigma^-) + O \longrightarrow CHO^+ + e^- \tag{2.24}$$

因此,431 nm附近的CH^*自由基分布不仅可以表现燃烧过程的化学反应位置,也可以反应火焰等离子体的化学电离位置。

火焰面作为一个发出化学荧光辐射的实际三维平面,在实际测量中,三维燃烧反应面在光线上的重叠使得实际拍摄到的火焰无法反映三维燃烧反应面的实际形状。因此,需要对火焰面进行三维重构测量。

依据火焰的特性,可以将重构分为两类,其一是针对轴对称的三维火焰面,其二是针对非轴对称的三维火焰面。对第一类,单次测量可以直接重构得到火焰面形状,而对第二类,则需要多个角度同时测量,通过程序重构出

三维火焰面。

2.4.1　轴对称重构

轴对称火焰面的重构可以通过逆阿贝尔变换(inverse Abel transform)得到,具体过程如图2.24所示。

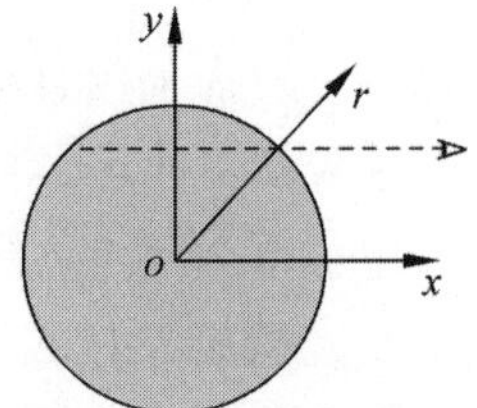

图2.24　阿贝尔变换的二维几何解释

$f(r,z)$为轴对称火焰的发光强度,在某一垂直坐标位置z_0,$f(r,z_0)$依赖轴向位置r。因此在x视线方向测量得到的化学荧光辐射可以表示为积分过程:

$$F(y,z)=2\int_y^{\infty}\frac{f(r,z)r}{\sqrt{r^2-y^2}}\mathrm{d}r \tag{2.25}$$

式(2.25)即为阿贝尔变换,在已知轴对称火焰面发光强度$f(r,z)$的情况下,可以求得拍摄的火焰面$F(r,z)$。而逆阿贝尔变换就是已知拍摄的火焰面$F(r,z)$,反向求轴对称火焰面发光强度$f(r,z)$:

$$f(r,z)=-\frac{1}{\pi}\int_r^{\infty}\frac{\partial F(y,z)}{\partial y}\frac{\mathrm{d}y}{\sqrt{y^2-r^2}} \tag{2.26}$$

图2.25显示了实际轴对称火焰面通过逆阿贝尔变换得到火焰面形状的过程。该火焰受交流电场控制,图2.25(a)显示了原始火焰图片,进而通过逆阿贝尔变换得到在对称面截面上的火焰化学荧光辐射强度,如图2.25(b)所示,最终得到火焰面形状,如图2.25(c)所示。基于这个过程,可以得到火焰面形状在交流电场下的脉动过程,进而分析火焰等离子体的电动力学不稳定性现象。

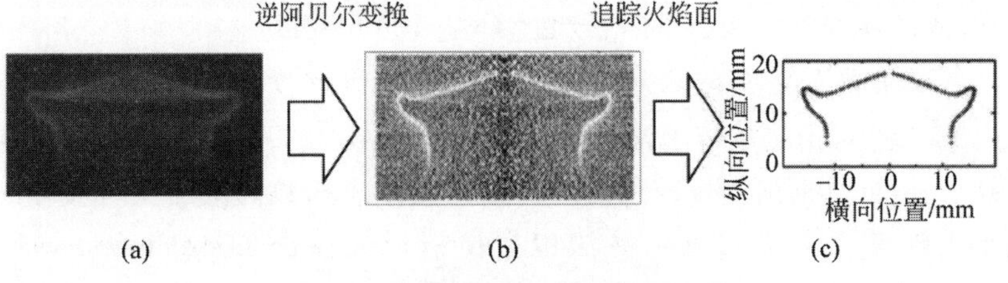

图2.25　实际轴对称火焰面通过逆阿贝尔变换得到火焰面形状的过程

(a) 原始图片;(b) 逆阿贝尔变换后;(c) 火焰面形状

2.4.2　非对称三维重构

如果火焰面不满足轴对称条件，则重构过程更为复杂，其基本过程就是使用各个方向采集的投影来重构三维目标。对于火焰而言，一个最基本的过程就是基于线性假设来应用点传播函数(point spread function，PSF)。设三维发光函数为 $O(x,y,z)$，表示从点坐标(x,y,z)自由发射光的强度。投影函数 $I(x',y')$表示投影到屏上位置(x',y')的光强。拍摄化学荧光辐射的过程可以表示为

$$L\{O(x,y,z)\}=I(x',y') \tag{2.27}$$

其中，L 表示一个投影过程。这种投影是一个线性过程。满足线性规律：

$$L\{a\cdot O_1+b\cdot O_2\}=a\cdot L\{O_1\}+b\cdot L\{O_2\} \tag{2.28}$$

其中，a、b 为任意实数。基于线性过程的假设，三维发光函数可以分解为

$$O(x,y,z)=\iiint F(u,v,w)\delta(x-u,y-v,z-w)\,\mathrm{d}u\,\mathrm{d}v\,\mathrm{d}w \tag{2.29}$$

如果定义点传播函数

$$\mathrm{PSF}(u,v,w;x',y')\equiv L\{\delta(x-u,y-v,z-w)\} \tag{2.30}$$

即表示点光源(u,v,w)对应投影位置(x',y')。这样最终的投影结果就可以表示为

$$I(x',y')=\iiint F(u,v,w)\,\mathrm{PSF}(u,v,w;x',y')\,\mathrm{d}u\,\mathrm{d}v\,\mathrm{d}w \tag{2.31}$$

用线性方法表示，且忽略比例常数，则可以得到矩阵运算形式：

$$\boldsymbol{I}_{(1\times m)}=\boldsymbol{F}_{(1\times n)}\times\boldsymbol{PSF}_{(n\times m)} \tag{2.32}$$

式(2.32)表达的含义为对任一位置的 $\boldsymbol{F}$ 发光值对应的 $\boldsymbol{PSF}$ 值，进行矩阵乘法，再求和得到投影图像 $\boldsymbol{I}$。式(2.32)中下标 m 表示所有投影影像点(x',y')的数目，n 表示三维空间中发光点(x,y,z)的数目。

点传播函数 PSF 的数值可以根据焦距 f、光圈 $f_{\#}$ 值通过几何光学求得[193]，也可以通过蒙特卡洛算法(Monte Carlo)获得[194]。在求得点传播函数之后，可以根据测量得到投影图像 $\boldsymbol{I}$，按照重构数值算法反向求得三维发光矩阵 $\boldsymbol{F}$。主要的重构算法包括模拟退火算法(simulated annealing，SA)[195]、代数重构算法(algebraic reconstruction technology，ART)[196-198]、多重代数重构算法(multiplicative algebraic reconstruction technology，MART)[193]和有序子集最大期望法(ordered subset expectation maximization，OSEM)[199]。其中最著名的算法就是代数重构算法，其计算表达式为

$$\boldsymbol{D}_{(1\times n)}=\boldsymbol{I}_{(1\times n)}-\boldsymbol{F}^{h}_{(1\times m)}\times\boldsymbol{PSF}_{(m\times n)} \tag{2.33a}$$

$$\boldsymbol{F}^{h+1}_{(1\times m)}=\boldsymbol{F}^{h}_{(1\times m)}+\beta\frac{\boldsymbol{D}_{(1\times n)}\times\boldsymbol{PSF}^{\mathrm{T}}_{(n\times m)}}{\boldsymbol{PSF}_{(m\times n)}\times\boldsymbol{PSF}^{\mathrm{T}}_{(n\times m)}} \tag{2.33b}$$

具体过程是首先假定一个三维分布 $\boldsymbol{F}$，依据式(2.33a)计算出计算分布与测量分布的二维误差 $\boldsymbol{D}$，随后再依据式(2.33b)将残差 $\boldsymbol{D}$ 迭代，对 $\boldsymbol{F}$ 进行修正，最终产生新的三维分布 $\boldsymbol{F}$。不断迭代三维分布直到计算结果收敛位置。式(2.33)中 h 即为迭代次数，β 为松弛因子，按照经验一般取 0.05。

在实际操作中为了防止拟合的三维函数存在较大的梯度，不满足实际物理假设，会在重构中加入先验条件，即在保证 $\boldsymbol{D}=\boldsymbol{I}-\boldsymbol{F}\cdot\boldsymbol{PSF}$ 的基础上再加上对 $\boldsymbol{F}$ 的正则化函数(regularization)提出要求。因此最终的误差 $\boldsymbol{D}$ 可以表示为

$$\begin{cases}\boldsymbol{D}=\boldsymbol{I}-\boldsymbol{F}\times\boldsymbol{PSF}+\gamma R(\boldsymbol{F})\\ R(\boldsymbol{F})=\|\nabla\times\boldsymbol{F}\|\end{cases} \tag{2.34}$$

其中，“‖ ‖”表示对三维函数取平方差求和；γ 表示正则化函数的影响权重因子，经验上一般取为 0.01。

图 2.26 表示了一个典型的三维重构光路系统设置。系统由 6 个相机构成，分别位于不同的位置进行测量。相机为 Nikon D300S，镜头设置 $f=50$ mm，$f_{\#}=2.8$。6 个相机设置角度相对随机，尽量不设置在对称或周期位置。

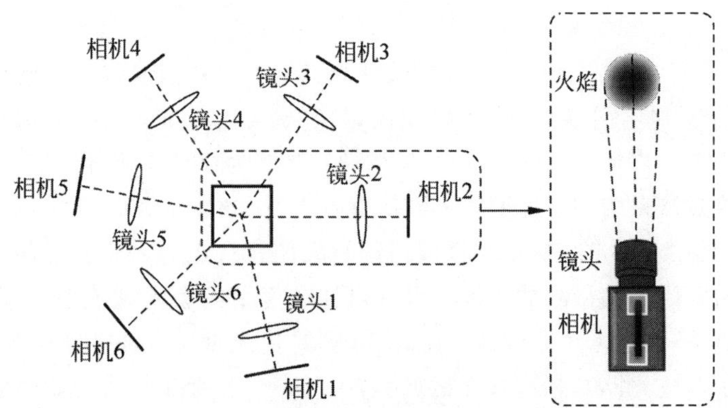

图 2.26　典型的三维重构光路系统设置

为了验证重构程序的正确性。首先在空间中选择一个长方体的光源发

射区域 $\boldsymbol{F}_{set}$，按照投影规律得到相机中的影像 $\boldsymbol{I}$。进一步根据相机拍摄中的影像重构得到三维火焰发光函数 $\boldsymbol{F}_{rec}$。在这个测试过程中，松弛因子 β 取作 0.05。设置的光源发射区域 $\boldsymbol{F}_{set}$ 和三维火焰发光函数 $\boldsymbol{F}_{rec}$ 如图 2.27 所示，可以看出二者基本满足相同分布，二者误差精度为 $\pm10^{-7}$。这表明重构结果可以完全复现在三维空间中的发射源，其精度为 $\pm10^{-7}$。这个结果表明重构程序能够很好地实现重构矩阵，可以验证程序准确无误。

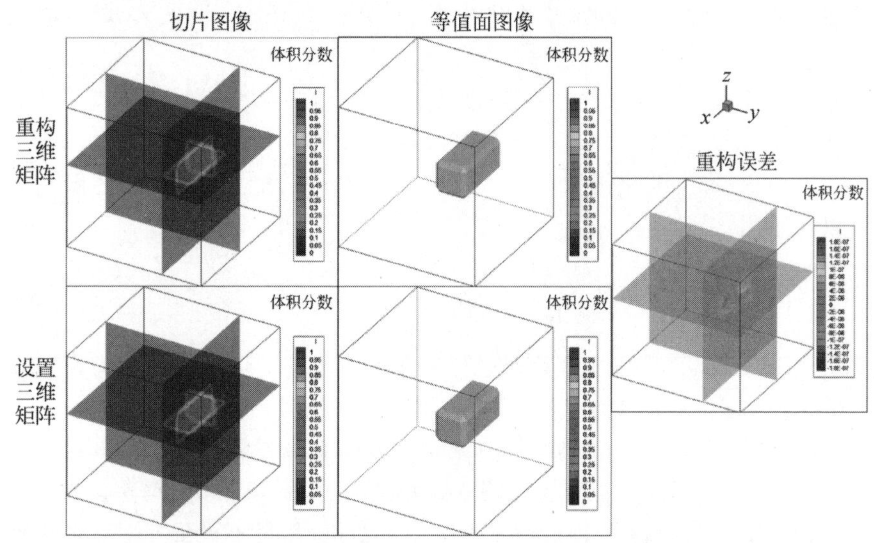

图 2.27　三维设置发光区域的重构结构(见文前彩图)

在实际重构实验的过程中，这里采用的是一种内窥镜技术[200]。如图 2.28(a)所示，火焰图像通过成像透镜投影到内窥镜输入端口，输入端口处的影像传递到输出端口，在内窥镜出口由第二个成像透镜投影到相机屏幕上。这一套内窥镜系统包含 4 个输入端口，4 个输出端口则合并一起由一个相机拍摄。该系统调节需要达到两次对焦，第一次为火焰影像成像到光纤输入端口，第二次为光纤输出端口到相机的成像。对焦时需要满足两次对焦同时完成才可以达到最终的成像效果。研究中用了两个内窥镜系统，两个相机同时拍摄，一共包含 8 个成像角度，实际实验装置如图 2.28(b)所示。

除了搭建光路和最终程序运算外，还有一个关键步骤为初始化观测角度(view registration)，它指的是对相机拍摄角度和位置的精确测量。本研究中使用标定板，在各个角度拍摄图像。根据标定板方块的形状可以求出拍摄角度，如图 2.28(c)所示。最终得到的标定角度分布如图 2.28(d)所示。

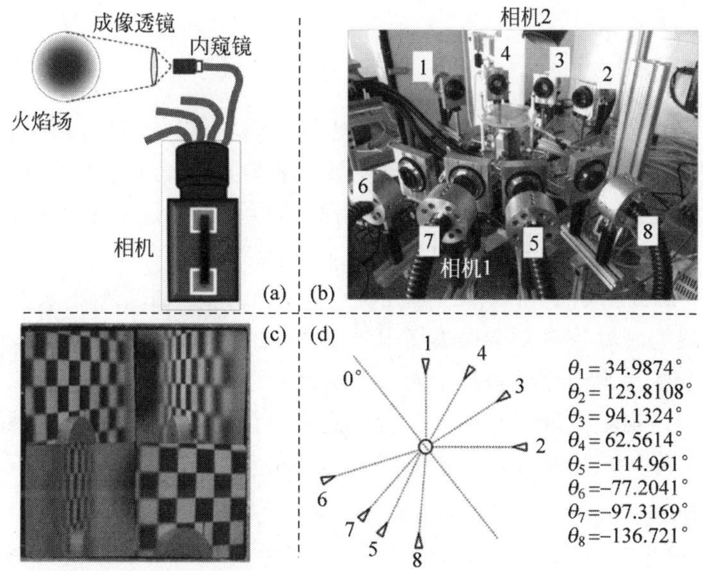

图 2.28 实际重构实验过程中采用的内窥镜技术

(a) 内窥镜布置；(b) 内窥镜实物布置；(c) 标定板拍摄图像；(d) 标定角度结果

按照以上重构的设置，首先对平面滞止火焰进行了拍照测量。图 2.29(a)显示了重构过程最终的三维火焰图片，图 2.29(b)显示了实际从各个角度拍照的二维火焰照片，图 2.29(c)显示了重构过程中计算得到的火焰图片。可以看到三维火焰几乎保持一维，与预计的平面滞止火焰维持一致。

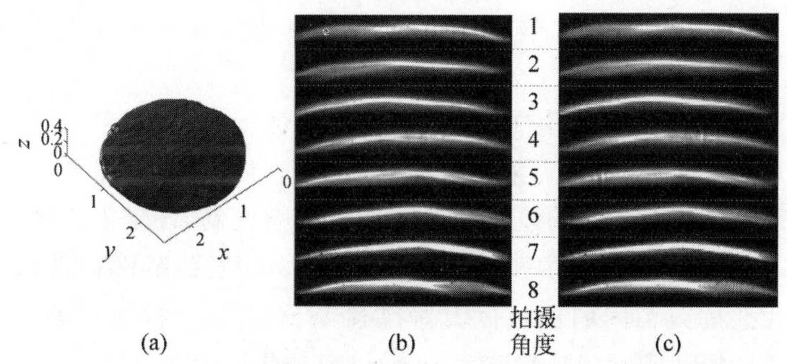

图 2.29 基于重构设置对平面滞止火焰拍照测量(见文前彩图)

(a) 平面火焰的三维重构结果；(b) 拍摄 8 个角度的火焰图片；

(c) 重构过程后得到的重构火焰图片

2.5 本章小结

本章结合气相合成、火焰调控的复杂火焰场，针对气相-颗粒相、气相-壁面、气相-等离子体三个重要环节发展了相应的在线光学诊断方法，即相选择性激光诱导击穿光谱、基于波长调制的可调谐二极管激光吸收光谱和基于化学荧光辐射的光学重构方法。重要结论总结如下。

(1) 研究揭示了相选择性激光诱导击穿光谱的吸收-烧融-激发机制，并将其发展为一种针对复杂火焰场中气相-颗粒相环节的在线激光诊断技术。颗粒相金属元素的原子和离子光谱表明该光谱产生于一种独特的纳米等离子体结构。当激光强度超过一个特征烧融极限时，颗粒散射截面因激光烧融迅速下降。该烧融过程源自晶格中电子的动力学行为，能量空间的输运过程由福克-普朗克方程控制。类比燃烧反应输运动力学，提出了能量空间中的无量纲 Sl_E、Pe_E 和 Da_E，发现电子在能量空间的对流相(电子与晶格碰撞导致的能量损失)主导了其输运过程。因此，纳米等离子体由一个全新的吸收-烧融-激发过程产生，包括多光子吸收、电子进入晶格导带作为能量传递的媒介、纳米颗粒烧融并形成纳米等离子体，最终电子碰撞激发等一系列过程。基于上述物理机制分析，可以将该光谱进一步发展为一种成熟的针对复杂火焰场的在线光学诊断方法。当 TiO_2 纳米颗粒平均粒径超过 6～8 nm 后，能带不再依赖粒径，信号强度也只正比于颗粒相体积分数。利用纳米等离子体的空间分散性，进而将这个光谱方法发展成为一个二维诊断方法，可以测量气相向颗粒相的转化过程并定量诊断颗粒体积分数的二维分布。

(2) 面对气相-壁面环节中近壁区内测量的挑战，研究了基于波长调制的吸收光谱方法，提出了光束被壁面遮挡下进行近壁区测量的方法。其基本原理是将二极管激光的波长和强度进行高频调制，设定温度和浓度的分布，模拟吸收系数，按照锁频放大器得到波长调制光谱 $\mathrm{WMS}_{2f/1f}^{\mathrm{sim}}$，同时依据实验数据按照相同的锁频放大器得到 $\mathrm{WMS}_{2f/1f}^{\mathrm{exp}}$。按照模拟退火算法，不断比较模拟和实验的波长调制光谱，更新迭代温度和浓度分布，直至收敛得到最终测量的温度和浓度。该方法首先在预混平焰燃烧器上得到了验证，并在壁面遮挡激光束的情况下进行了激光强度无关性校验。确认波长调制得到的 $\mathrm{WMS}_{2f/1f}$ 信号与激光强度无关，可以用于近壁面内温度组分信息的测量。

（3）在气相-等离子体环节中，研究发现火焰的化学荧光辐射与火焰等离子体的化学电离过程均由 CH^* 自由基 $A^2\Delta$ 和 $B^2\Sigma^-$ 激发态与其他组分碰撞所控制，因而可以通过火焰的化学荧光辐射来表现化学电离过程。针对轴对称和非轴对称的火焰化学荧光辐射，开展了两种重构方案的研究。首先利用轴对称火焰的空间对称性，以逆拉贝尔变换为基础，重构出轴对称火焰在对称面上的火焰面形状并进一步得到了火焰面的轮廓曲线。而对于非轴对称的三维火焰面，发展了多角度拍摄重构的研究方法。以线性投影假设为基础，构造的点传播函数可以将光学投影表示为一个矩阵乘积的计算过程。针对一个一维平面预混滞止火焰，采取内窥镜的实验布置方案进行 8 个角度的化学荧光辐射拍照测量，得到的三维重构结果与预测的一维火焰面一致。

第3章　火焰合成中气相向颗粒相转化与作用机制研究

3.1　本 章 引 言

本章将以 2.1 节中新发展的相选择性激光诱导击穿光谱为基础，开展气相火焰合成纳米颗粒物的研究。首先，3.2 节将综述性地讨论气相火焰合成中的主要物理过程，研究这些过程的特征时间尺度及其与温度、颗粒粒径之间的关系，进而确定在气相向凝聚相颗粒转化过程中的关键因素是前驱物在火焰场的温度历史。为了缩减颗粒在高温区的停留时间并提高流速，湍流火焰成为纳米颗粒物生成的主要环境。高速湍流火焰在纳米颗粒合成的规模化上扮演着十分重要的角色，在实际工业生产中拥有不可替代的优势。然而，相对于火焰场中的炭烟颗粒生成过程的研究，对湍流火焰场中纳米颗粒物的在线光学诊断十分缺乏，这严重阻碍了湍流对纳米颗粒的作用机理研究。2.3 节将利用相选择性激光诱导击穿光谱的二维测量方法，重点研究纳米颗粒在湍流火焰中的合成过程。此外，如 1.2.2 节中所述，火焰合成在混合金属氧化物的掺杂合成方面拥有着得天独厚的优势，可以实现颗粒甚至原子尺度级别的混合。为了充分利用这一优势，对火焰合成过程进行良好控制尤其重要。然而对其掺杂过程中不同元素相态转变过程的诊断同样十分匮乏。因此，3.4 节将利用相选择性激光诱导击穿光谱的原子选择性，研究 V-Ti 两种元素掺杂过程中的相变问题。

3.2　火焰合成物理过程分析

在气相火焰合成过程中，气相前驱物向凝聚相颗粒的转化过程包括反应、成核、碰撞和聚并等多个物理化学过程，如图 1.3 所示。

前驱物的化学反应动力学涉及热解、水解和表面反应。表 3.1 列出了几个典型气相前驱物的反应过程。以最典型的四异丙醇钛（Titanium tetraisopropoxide，TTIP）向二氧化钛（TiO_2）的转化过程为例，TTIP 水解过程的活化能仅为 10 kcal/mol（1 cal≈4.186 J），是一个由 OH 自由基和 H_2O 分子驱动的过程，而其热分解过程则有极高的活化能，高达 85～87 kcal/mol，是由热量驱使的。因此，对于前驱物反应过程而言，自由基驱使的水解过程是最快的反应途径，一般主导了前驱物反应过程。自由基驱使的反应往往开始于火焰反应面前的预热区，而热量驱使的前驱物反应也发生在高温火焰面反应或焰后区域。由后面的分析可知，反应的特征时间可以表示为 k^{-1}（其中 k 为反应速率），一般远远小于其他特征过程。因此，在火焰合成过程中，化学反应结束作为凝聚相颗粒生成的起点，由火焰面位置决定。

表 3.1　前驱物化学反应总结

元素	反　应	k/s^{-1}	E/(kJ/mol)	参考文献
Ti	$TTIP \rightarrow TiO_2 + 4C_3H_6 + H_2O$	3.96×10^5	70.5	[201]
	$TTIP + 2H_2O \rightarrow TiO_2 + 4C_3H_7OH$	3×10^{15}	8.4	[202]
	$TTIP \rightarrow TiO_2 + 4C_3H_6 + H_2O$（表面）	$1\times10^9\ A\rho_g$	126	[203][204]
	$TiCl_4 + O_2 \rightarrow TiO_2 + 2Cl_2$	8×10^4	89	[205]
Fe	$Fe(C_5H_5)_2 \rightarrow Fe + 2C_5H_5$	2.19×10^{16}	382	[206]
	$Fe(C_5H_5)_2 \rightarrow Fe + H_2 + CH_4 + C_5H_6$	3×10^4	67	[207]
	$Fe(C_5H_5)_2 \rightarrow Fe + 2C_5H_5$（表面）	10^{10}	171	[206]
V	$VO(C_2H_7O_2)_2 + O_2 \rightarrow V_2O_5 + CO_2 + H_2O$	5×10^8	90.5	[208]
	$VOCl_3 + H_2O \rightarrow V_2O_5 + HCl$	$>10^{15}$		[178]
Si	HMDS→Product	4×10^{17}	370	[205]
	$SiCl_4 + O_2 \rightarrow SiO_2 + 2Cl_2$	8×10^{14}	410	[205]
	$Si(OC_2H_5)_4 + 2H_2O \rightarrow SiO_2 + 4C_2H_5OH$	0.2625	22.1	[209]

经典的均相成核理论可以简单地描述成核过程。当成核过程的能量势垒大于 0 时，成核速率由式(3.1)和式(3.2)表示：

$$\left[\frac{\partial n_k}{\partial t}\right]_{\text{nucleation}} = A\exp\left(-\frac{w}{k_B T}\right) \tag{3.1}$$

$$w = k\Delta\mu + \sigma S \tag{3.2}$$

其中，A 是动力学指前因子；w 为包含 k 个原子的分子团簇的自由能；$\Delta\mu$ 为单位原子的吉布斯自由能；σ 是表面能；S 为分子团簇的表面积。在式(3.2)中，如果当地环境的温度压力条件使 $\Delta\mu>0$，即热力学上倾向发生成核相变，但表面能一般小于 0，即表面能阻挠相变。此时，在动力学上，成核过程是分子团簇不断增长的过程。直到分子团簇的自由功大于 0 时，即分子团簇中的原子数超过了特征原子数 k^* 时，成核过程结束，进一步的增长由后续的碰撞-聚并过程主导。其中特征原子数 k^* 可以表示为

$$k^* = \frac{32\pi}{3v_0}\frac{\sigma^3}{|\Delta g|^3} \tag{3.3}$$

其中，v_0 为原子或分子体积；σ 为表面能；Δg 为单位体积的吉布斯自由能。即 k 个原子的活化能，包含体相原子的自由能和表面能。在火焰合成环境中，对于大部分的金属氧化物颗粒，$k^* < 1$①，因此，每个反应后产生的金属氧化物分子都成为一个稳定的核化中心，核化过程一般瞬时完成，不需要特意考虑。

接下来的过程是碰撞-聚并(烧结)过程。纳米颗粒相互碰撞，之后通过聚并烧结过程不断长大。通常计算碰撞和烧结的特征时间可以预测颗粒的最终形态。当碰撞时间大于烧结时间时，颗粒有足够的时间聚并成新的颗粒，最终形成球形颗粒；而当烧结时间大于碰撞时间时，没有足够的时间使颗粒完全烧结，进而会发生聚集过程形成聚集体(agglomerate)。颗粒的碰撞聚并过程可以由 Smoluchowski 方程(3.4)表示：

$$\left[\frac{\partial n_k}{\partial t}\right]_{\text{coagulation}} = \frac{1}{2}\sum_{\substack{\nu_i+\nu_j=\nu_k \\ i,j\neq 1}} \beta(\nu_i,\nu_j)n_i n_j - \sum_{i=2}^{\infty}\beta(\nu_i,\nu_k)n_i n_k \tag{3.4}$$

其中，$\beta(\nu_i,\nu_j)$ 为颗粒碰撞频率；n_i 为体积为 ν_i 的颗粒数浓度。在努森数(Knudsen number)较小的自由分子区，即满足 $d_p/\lambda=1$，颗粒碰撞频率 β 可以表示为

$$\beta(\nu_i,\nu_j) = \left(\frac{3}{4\pi}\right)^{1/6}\left(\frac{6k_\mathrm{B}T}{\rho_\mathrm{p}}\right)^{1/2}\left(\frac{1}{\nu_i}+\frac{1}{\nu_j}\right)^{1/2}(\nu_i^{1/3}+\nu_j^{1/3})^2 \tag{3.5}$$

其中，k_B 为玻尔兹曼常数；T 为气体温度；ρ_p 为颗粒密度。在单分散假设下，简化式(3.4)为

$$\frac{\mathrm{d}N}{\mathrm{d}t} = -\frac{1}{2}\beta(\bar{\nu},\bar{\nu})N^2 \tag{3.6}$$

$$\beta(\bar{\nu},\bar{\nu}) = 4\sqrt{2}\left(\frac{3}{4\pi}\right)^{1/6}\left(\frac{6k_\mathrm{B}T}{\rho_\mathrm{p}}\right)^{1/2}\bar{\nu}^{1/6} \tag{3.7}$$

其中，N 是颗粒数浓度；$\bar{\nu}$ 是颗粒平均体积。依据式(3.6)和式(3.7)，颗粒的特征碰撞时间可以近似表示为

---

① 引自 Roth P. Particle synthesis in flames[J]. Processings of the combustion institute, 2007, 31(2): 1773-1788.

$$\tau=\frac{2}{\beta(\bar{\nu},\bar{\nu})N} \tag{3.8}$$

颗粒的碰撞时间与温度 T 和平均体积 $\bar{\nu}$ 有关。

颗粒碰撞后发生烧结过程。该过程是颗粒原子在颗粒的表面能驱动下发生的扩散过程。基于这一物理过程，Koch 和 Friedlander 提出了唯象公式：

$$\frac{\mathrm{d}A}{\mathrm{d}t}=-\frac{1}{\tau}(A-A_{\mathrm{f}}) \tag{3.9}$$

其中，A 为颗粒表面积；τ 为特征时间；A_{f} 为烧结后的颗粒表面积。对于高温下无定形颗粒，烧结时间的理论表达式为

$$\tau=\frac{\eta d_{\mathrm{p}}}{\sigma} \tag{3.10}$$

其中，η 为液体黏度系数。而对于纯固相的烧结过程，其特征时间为

$$\tau=\frac{3k_{\mathrm{B}}T\nu_{\mathrm{p}}}{64\sigma D\nu_{\mathrm{m}}} \tag{3.11}$$

其中，ν_{p} 为颗粒体积；σ 为颗粒表面能；D 为固体原子扩散系数；ν_{m} 为分子体积。实际火焰合成烧结过程非常复杂，由若干机制控制。张易阳运用分子动力学模拟研究颗粒烧结过程的特征时间，发现颗粒的烧结机制随温度和粒径以及烧结的不同阶段都有所变化[59]。对于 TiO_2，Ehrman 等提出了特征烧结时间的经验公式[205]：

$$\tau_{\mathrm{coalescence}}[s]=1.87\times10^{9}\times T[K]d_{\mathrm{p}}[m]^{3}\exp\left(\frac{34\ 372}{T[K]}\right) \tag{3.12}$$

依据以上分析，可以计算不同温度和粒径下的特征化学反应时间、碰撞时间和烧结时间，如图 3.1 所示。这里计算得到的数据是针对 TTIP 水解的反应生成 TiO_2 纳米颗粒的过程。水解反应速度很快，其特征时间远远低于其他过程，且几乎不随温度变化。碰撞和烧结过程随颗粒粒径增加而增加。相对于碰撞过程，烧结过程对温度的依赖性更加强烈。注意到，当温度为 1200 K 时，烧结过程明显慢于碰撞过程，而在 1500 K 和 1800 K 下，则是烧结过程较快。因此，温度是决定颗粒碰撞聚并得到最终颗粒形貌的关键因素，高温下更易形成球形颗粒，低温则更易形成颗粒聚集体。这里同样标出了特征流动时间，一般为 $10^{-2}\sim10^{0}$ s，代表的是纳米颗粒在高温火焰场中的停留时间。这一时间与碰撞时间的相交位置即代表颗粒碰撞聚并所能达到的最大粒径。综合以上两个因素可以得出结论，在火焰场中，纳米颗

粒所经历的温度历史几乎起到了决定性作用，长时间在高温区停留将会得到较大的颗粒，而降低温度则会显著抑制颗粒的烧结过程，使得初始颗粒粒径显著下降，颗粒更倾向形成聚集体而非大的球形颗粒。因而温度历史同样决定了纳米颗粒的形貌特征。

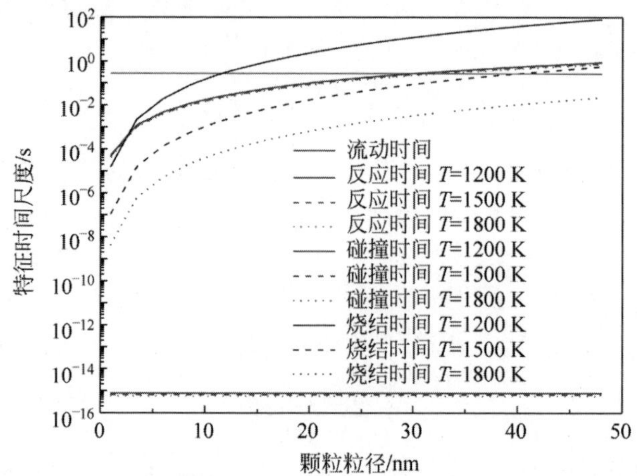

图 3.1 纳米颗粒火焰合成过程的特征时间尺度(见文前彩图)

3.3 湍流火焰合成过程研究

3.3.1 湍流火焰合成系统

本研究采用的是射流扩散火焰合成燃烧器，因为这种燃烧器已经在工业中被德固赛(Degussa)和卡博特(Cabot)等公司广泛使用。该燃烧器采用反向扩散的设置，即向内径为 2.5 mm 的中心管通入 O_2，向内径为 8 mm 的环形管通入 CH_4 和 N_2 的混合气，如图 3.2 所示。与传统的火焰合成装置相比，这种反向混合的设置，即燃料在外侧、氧化剂在内侧的模式，可以产生更精细的颗粒[63]。周围的多元扩散平焰由 288 个小的多元扩散火焰组成，每个火焰由 CH_4 和空气产生，高度约为 1 mm。这种多元扩散平焰为中心射流扩散火焰提供了均匀而稳定的高温环境，同时可以根据燃料组成独立调节焰后气氛和温度。

中心射流扩散火焰可以运行在层流或湍流条件下，火焰形貌如图 3.3 所示。具体的流速信息列于表 3.2 中。对于层流情况，多扩散 Hencken 火

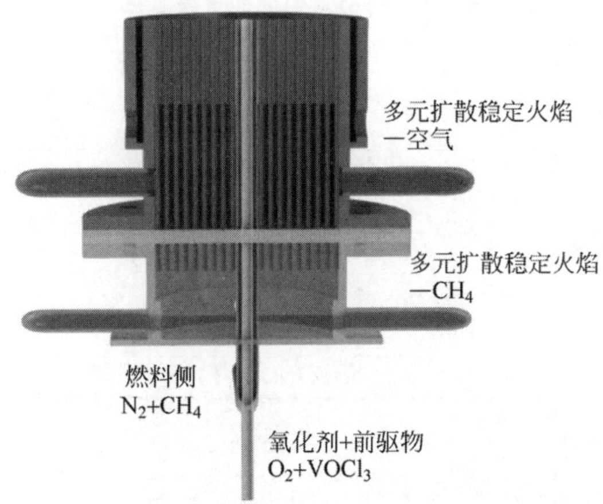

图 3.2　多元扩散平焰稳定的射流扩散火焰设计

焰用作鞘流，中心共流喷流具有 234 和 801 的雷诺数。对于湍流情况，只有冷空气流通过低流速的蜂窝来增加剪切力。中心射流与周围鞘流之间的大速度梯度产生开尔文-亥姆霍兹不稳定性(Kelvin-Helmholtz instability)，扰动中心协流扩散火焰并使其更加不稳定[211-212]。

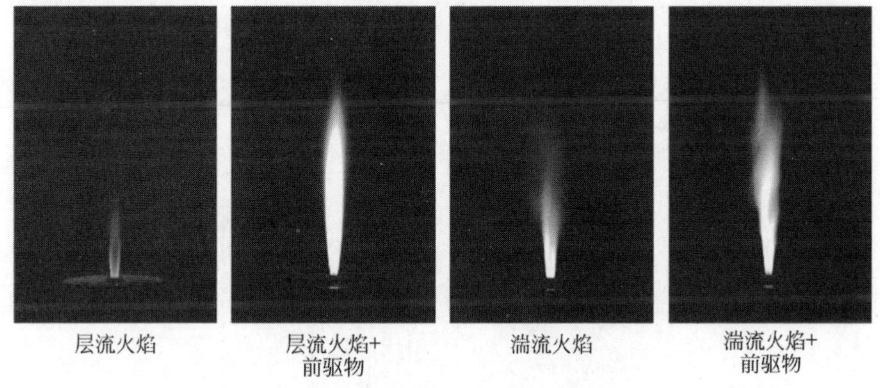

图 3.3　层流和湍流条件下有/无前驱物时的射流扩散火焰形貌(见文前彩图)

三氯氧钒($VOCl_3$)用作纳米颗粒合成的前驱物。液体前体在鼓泡器中保持在 298 K。平衡蒸气由 O_2 携带输送进入中心管中。前驱物的加载速率通过测量鼓泡器内液体质量损失来确定。载气的流量范围为 0.006～0.13 L/min，对应前驱物的加载速率为 0.83～17.9 mg/min。

表 3.2 层流与湍流的工作条件

	旁路流动	射流扩散火焰		
	流量条件	流量条件	v/(m/s)	Re
层流工况	多元扩散平焰：	伴流：0.57 L/min CH_4	1.4	234
	12 L/min 空气	2.65 L/min N_2		
	4 L/min CH_4	中心射流：0.81 L/min O_2	2.6	801
湍流工况	冷流：1.8 L/min AIR	伴流：2.2 L/min CH_4	3.6	579
		7.9 L/min N_2		
		中心射流：1.65 L/min O_2	5.6	1672

3.3.2 颗粒瞬态分布的诊断二维信号标定

光学诊断装置与2.4.3节中所示激光装置基本一致。首先对V信号进行了一维测量，当光谱仪位于438 nm时，可以识别出几个明显的V的原子光谱峰，如图3.4所示。此时增强型CCD相机的快门时间为50 ns，一共累计曝光300次。红线标记来自NIST数据库的原子线。波长位于437～441 nm的激发峰由V原子从高能级 $3d^4(^5D)4s$ 到低能级 $3d^4(^5D)4p$ 的跃迁过程产生。因此，在二维测量中选择435.8 nm为中心波长、半高宽度为10 nm的带通滤光片。这里没有观察到通常存在于传统LIBS或LII测量中的韧致辐射或者粒子散射引起的连续谱，也是相选择性激光诱导击穿光谱中纳米等离子体的独特特征。

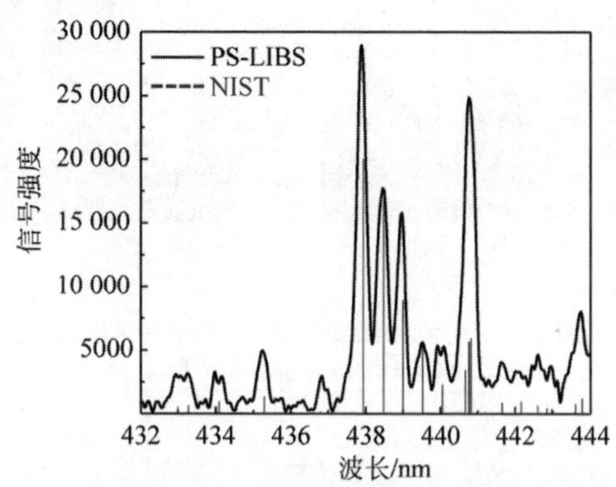

图 3.4 相选择性激光诱导击穿光谱的信号值(见文前彩图)

黑色线为测量结果，虚线为NIST数据库确定的原子光谱结果

本测量由焦距为 100 mm 的尼康镜头直接连接增强型 CCD 进行测量，可以实现单脉冲测量，以测量湍流火焰中颗粒体积分数的瞬态分布，可以很有效地测量湍流火焰合成，因为以下两个原因：①纳米尺寸的等离子体确保具有统计性的空间分辨率；②生成的等离子体只有纳秒寿命，单脉冲测量时纳秒寿命比湍流时间尺度短得多，确保了时间分辨率。

为了增加测量范围，这里将激光束用焦距 400 mm 的柱状凸透镜聚焦，再用焦距 750 mm 的球形凸透镜聚焦。两个镜头的距离为 1150 mm。这样激光束在竖直方向上扩束，再在水平方向上聚焦。光束由光束挡板切割后形成高约 10 mm 的激光片光。在测量过程中一般激光强度为 265 mJ/pulse，在激光片光聚焦位置处可以产生 0.71 GW/cm^2 的强度。

图 3.5 显示了随着激光强度增加的二维相选择性激光诱导击穿光谱信号的饱和趋势。二维信号在 r 为 0～10 mm 以及 HAB 为 36～40.7 mm 时取平均值。不同的前驱物加载速率通常会在火焰中产生不同大小的颗粒[101,213]。对于 4.15 mg/min、8.30 mg/min 和 16.6 mg/min 这三种前驱物加载速率，相选择性激光诱导击穿光谱的信号强度随着激光强度增加而增加，直到激光强度达到了 0.5 GW/cm^2 以上后，信号达到饱和状态，对激光强度几乎不存在依赖性。此时，纳米颗粒已被完全烧融和激发，可以进行二维成像测量。信号强度也不会因为激光强度在聚焦位置的轻微变化而改变。因此，在聚焦位置的激光强度达到了 0.71 GW/cm^2，这确保了聚焦位置附近的±10 mm 信号处于饱和状态。

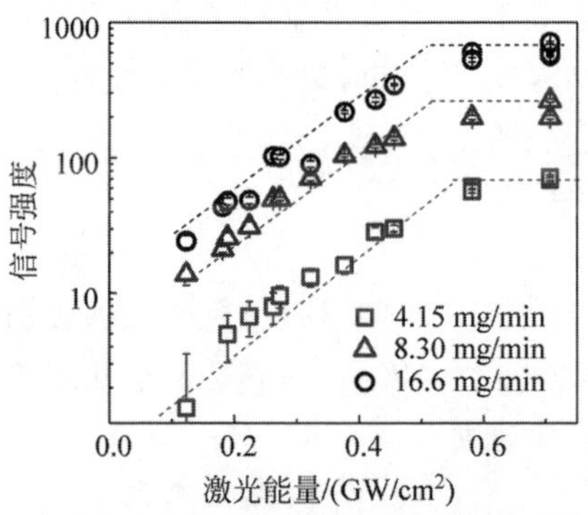

图 3.5　在层流情况下不同前驱物进给率时相选择性激光诱导击穿光谱随激光强度的变化

为了建立测量信号与颗粒体积分数之间的定量关系，在层流条件下对颗粒的输运过程进行数值求解。轴对称火焰场由开源软件 OPENFOAM 代码[214]配合详细化学动力学进行模拟。图 3.6 给出了火焰场的数值模拟结果，可以看到左侧为 OH 自由基分布，右侧为温度分布。中间形成射流扩散火焰，形状为一个高度为 60 mm 的锥型火焰，形成温度为 2400 K 的高温火焰场。

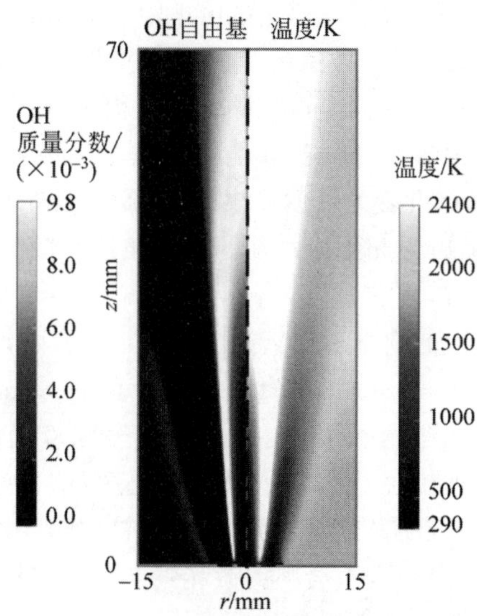

图 3.6　OPENFOAM 模拟得到的层流火焰结构(见文前彩图)

由于前驱物浓度低于 1%，这里忽略了合成纳米颗粒对火焰场的影响。利用已知的速度 v 和温度 T 分布，颗粒体积分数的传输可以用对流扩散方程来描述：

$$\frac{\partial \varphi}{\partial t} + \nabla(v\varphi + v_{\mathrm{th}}\varphi - D_{\mathrm{p}}\nabla\varphi) = I \tag{3.13}$$

其中，φ 是颗粒的体积分数。式(3.13)左侧的三项分别代表颗粒的对流、热泳和扩散。I 是纳米颗粒的成核源。v_{th} 是通过瓦尔德曼(Waldmann)公式计算的纳米颗粒的热泳速度

$$v_{\mathrm{th}} = \frac{-3\nu\,\nabla T}{4(1+\pi\alpha/8)\,T} \tag{3.14}$$

其中，ν 是气体运动黏度；T 是温度；α 是气体容纳系数，取为 0.9，它代表的是气体撞击颗粒表面时扩散散射(diffuse-reflected)的比例。在自由分子

区，颗粒的扩散系数可以根据气体动理论来计算：

$$D_p=\frac{3}{2(1+\pi\alpha/8)\,d_p^2\rho_g}\sqrt{\frac{m_g k_B T}{2\pi}} \tag{3.15}$$

其中，α 是气体容纳系数；d_p 是颗粒直径；ρ_g 为气体密度；m_g 为气体分子质量。

图 3.7 显示了在 r 为 0～10 mm 和 HAB 为 36～40.7 mm 的区域中相选择性激光诱导击穿光谱的信号强度与模拟得到的颗粒体积分数。二者对比可以看到，二维测量和模拟基本满足一致分布。二维信号强度平均值与模拟得到的平均颗粒体积分数成比例地增加。对这一正比曲线进行拟合，并获得当前实验设置中的正比例参数（$\times10^{-9}$）：

$$\varphi=0.82I_{\text{ps-libs}} \tag{3.16}$$

该正比例拟合中 95%的置信区间，由图 3.7 中虚线显示。这一正比例函数的系数为 0.82，得到的颗粒体积分数误差为 $\pm3.0\times10^{-8}$。

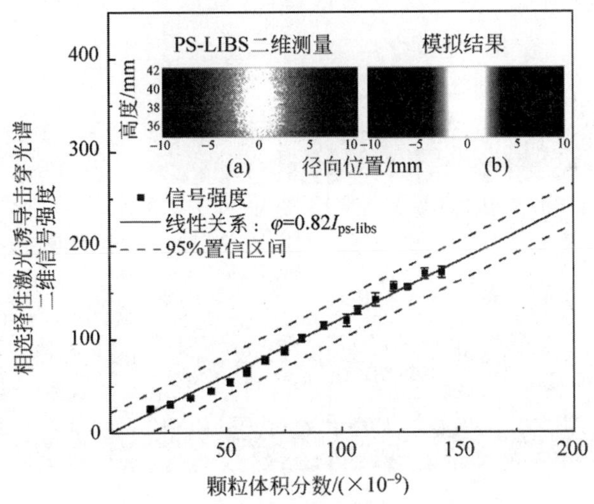

图 3.7　相选择性激光诱导击穿光谱信号的正比校准曲线（实线）与 95%置信区间

内插二维图像对比了二维测量结果（a）和模拟结果（b）

3.3.3　湍流火焰合成机理分析

图 3.8 显示了不同高度位置处单脉冲测量得到的瞬时颗粒体积分数二维分布。信噪比为 17～81，具体数值取决于绝对颗粒体积分数。取 100 个单脉冲测量作为平均，并因此显示在图 3.8 中。值得注意的是，在较低位

置，纳米颗粒分布倾向聚集在火焰面前缘，并达到 1.5×10^{-6}。在这个聚集区外，颗粒体积分数迅速下降到 5.0×10^{-7} 以下。这种颗粒聚集现象也在湍流模拟过程中被观察到[93,95]。如 3.1 节所述，前驱物 $VOCl_3$ 水解过程相对于对流和扩散，特征时间非常短。所以化学反应和成核过程极快，发生在扩散火焰中氧化剂和前驱物一侧。因此初始颗粒开始聚并于扩散火焰中当量比线的前侧(stoichiometric line)，并由此被携带到火焰场下游。颗粒的贝克来数(Peclet number)在 $d_p=1$ nm 时约为 60，因而颗粒输运过程由轴向方向的对流主导而非径向方向的扩散主导。在穿过火焰面之后，温度随之增加，流体密度下降，颗粒流在混合和热扩散的作用下被迅速稀释。可以注意到，测量得到的颗粒分布与第 2 章中预混火焰下的颗粒体积分数不同，在预混火焰中，颗粒体积分数在焰后保持常数。单脉冲测量的结果成功反映了火焰中 V_2O_5 纳米颗粒的瞬态分布，包括一些火焰场中流体涡引发的局部弯曲和加厚的区域。平均图像显示出一种更为模糊的对称分布。颗粒浓度在较高位置拥有更宽的区域，这意味着湍流增强了颗粒的扩散效应。

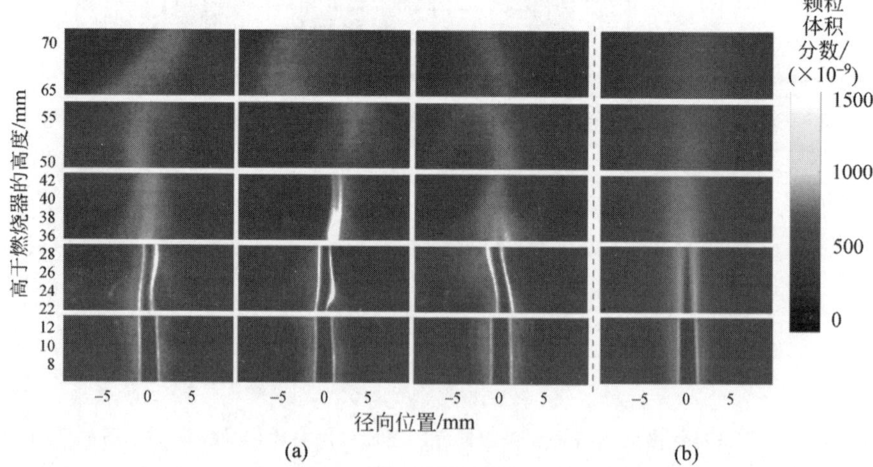

图 3.8　湍流火焰合成情况下的单脉冲测量结果，在不同的高度上拍摄得到瞬态颗粒体积分数分布(a)和 100 张单脉冲图像的平均图像(b)(见文前彩图)

为了进一步研究湍流火焰中的非稳态粒子分布，对单幅图像进行了本征正交分解(proper orthogonal decomposition，POD)。湍流反应流动中涉及的时间和空间尺度范围广泛，且包含许多自由度，因此本征正交分解分析在提取混沌系统中重复出现的相干结构方面非常有效。在这里，使用由

Sirovich 提出的快照方法(snapshot method)得到任意两个时刻下颗粒体积分数之间的相关矩阵 $\boldsymbol{R}$[215]。其中矩阵 $\boldsymbol{R}$ 的分量 R_{ij} 可以表示为

$$R_{ij}=\boldsymbol{M}_i^{\mathrm{T}}\times\boldsymbol{M}_j \tag{3.17}$$

其中,$\boldsymbol{M}_i$ 表示时刻 i 测量得到的颗粒体积分数分布;符号"×"表示矩阵运算。可以求得相关矩阵 $\boldsymbol{R}$ 的特征值和特征函数:

$$\boldsymbol{R}\times\boldsymbol{\Phi}=\boldsymbol{\Lambda}\times\boldsymbol{\Phi} \tag{3.18}$$

其中,$\boldsymbol{\Phi}$ 为由特征向量$\boldsymbol{\varphi}^{(k)}$组成的正交矩阵;$\boldsymbol{\Lambda}$ 则为特征值 λ_k 组成的对角矩阵。据此可以得到颗粒体积分数在湍流火焰中的相干结构$\bar{\boldsymbol{\Phi}}_i$:

$$\bar{\boldsymbol{\Phi}}_k=\frac{1}{\lambda_k}\sum_i\boldsymbol{\varphi}_i^{(k)}\boldsymbol{M}_i \tag{3.19}$$

其中,$\boldsymbol{\varphi}_i^{(k)}$ 为特征向量$\boldsymbol{\varphi}^{(k)}$的第 i 个元素;下标 i 为时刻下标;λ_k 为特征值,按照大小进行顺序排列,即满足 $\lambda_i>\lambda_{i+1}$。相干结构$\bar{\boldsymbol{\Phi}}_i$ 对应的能量份额 e_k 为

$$e_k=\frac{\lambda_k}{\sum_i\lambda_i} \tag{3.20}$$

图 3.9 显示了湍流火焰中颗粒体积分数演化的本征正交分解。$\bar{\boldsymbol{\Phi}}_1$、$\bar{\boldsymbol{\Phi}}_2$ 和$\bar{\boldsymbol{\Phi}}_3$ 分别表示颗粒体积分数的一阶、二阶和三阶模模态,对应着能量份额分别由 e_1、e_2 和 e_3 表示。在火焰场的上游位置,颗粒体积分数的本征正交分解模态均位于火焰面附近,这表明颗粒体积变化是由非稳态的火焰脉动引起的。

根据本征正交分解理论,低阶模态代表大尺度的相干结构,而高阶模态则代表小尺度随机波动[215-216]。在火焰场的下游位置,模态能量 e_1、e_2 和 e_3 大于上游位置处的模态能量。这表明,与小尺度非稳态火焰面波动相比,颗粒体积分数的波动主要受下游大尺度的涡量影响。湍流火焰对合成纳米颗粒的作用可能出现在两个方面:上游不稳定的火焰面脉动以及下游的大规模湍流混合作用。前者决定颗粒形成的起点,后者影响颗粒在形成后期的混合与稀释作用,会显著影响颗粒的碰撞聚并。

进一步地,本研究改变了 CH_4-N_2 预混气的流速,以得到不同雷诺数的湍流条件。图 3.10 显示了不同雷诺数下的颗粒体积分数分布。第一行和第二行分别是瞬态分布和平均值分布,第三行则为方差分布结果。随着雷诺数的增加,颗粒体积分数的波动变宽,表明火焰面附近波动变大。在小雷

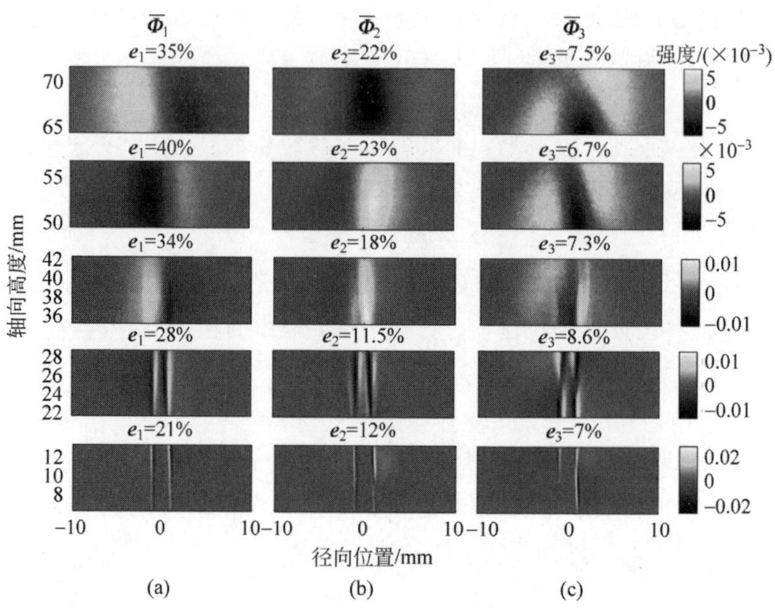

图 3.9　湍流火焰中颗粒体积分数演化的本征正交分解(见文前彩图)

e_1、e_2 和 e_3 代表这些模态的能量份额

(a) 一阶模态$\overline{\boldsymbol{\Phi}}_1$；(b) 二阶模态$\overline{\boldsymbol{\Phi}}_2$；(c) 三阶模态$\overline{\boldsymbol{\Phi}}_3$

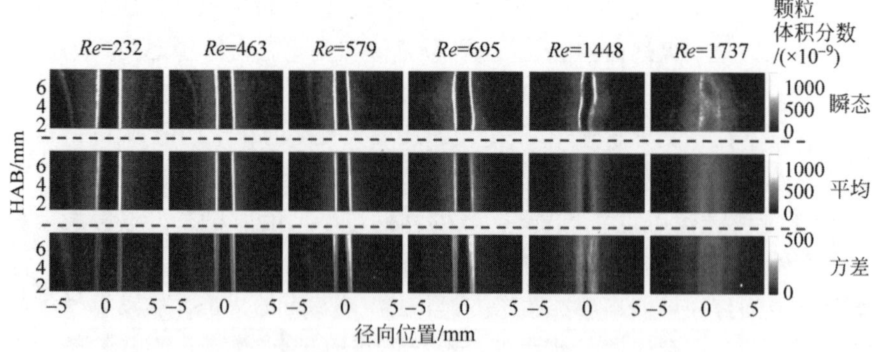

图 3.10　单脉冲相选择性激光诱导击穿光谱的二维测量，在不同雷诺数下颗粒体积分数的瞬态分布、平均值和方差分布(见文前彩图)

诺数下，颗粒体积分数的峰值可以达到 1.2×10^{-6}，但在最大雷诺数的情况下，颗粒数浓度只有 7×10^{-7} 左右。这是因为强烈的湍流效应导致扩散火焰反应区内气体微小湍动而增厚，直接导致前驱物较早接触到水分形成初

始纳米颗粒，此外强烈的火焰面脉动使得扩散效应显著增强。了解湍流火焰合成的现象与过程，对合成过程中精确控制颗粒形成以及实现颗粒浓度的稀释具有极其重要的意义。

3.4　火焰掺杂合成过程研究

过去的数十年研究涉及多种元素的纳米颗粒的掺杂合成，为更多功能材料的合成提供了更多可能，在火焰合成反应过程中越来越得到重视。例如，本节主要针对的 V-Ti 掺杂纳米颗粒，是用于选择性催化还原 NO_x 的最有前途的能源催化剂材料之一，该 V-Ti 掺杂的复合材料已经在 H_2/空气火焰反应器中成功制备，其实验室规模的生产率已高达 200 g/h[9]。

以火焰合成的 V-Ti 掺杂纳米颗粒为例，其催化剂材料的性质，如表面积，相结构和组分的分布受许多因素影响，如前驱物的进给量、前驱物状态以及燃烧器的流动特性。至于 V 掺杂的 TiO_2 催化剂，Miquel 等和 Stark 等发现进给率较低的前驱物可以产生无定型 VO_x 环绕 TiO_2 纳米颗粒的结构，而 V 前驱物进给率较高时，则比较容易实现 V_2O_5 晶体的形成[217-218]。Strobel 和 Pratsinis 将其原因归结于 V 的前驱物在较高进给率下拥有较大的成核量，因而比较容易导致形成较大的纳米颗粒[219]。Schimmoller 等报道了通过液体进给的火焰喷雾热解(FSP)制备 V-TiO_2 纳米颗粒，相比于气相雾化气溶胶合成，VO_x 拥有良好的分散性，在 TiO_2 载体上也有良好的表面密度[220]。他们因此推测，火焰喷雾热解反应器可以提供更高的最高温度和冷却速率，导致了较短的停留时间，从而阻止了 V_2O_5 晶向的产生。

所有上述因素都影响复杂的反应、成核、碰撞和聚并等过程，对不同组分也涉及相对应的特征时间尺度，但其中的原理尚不清晰。为了更好地阐明其中的物理机制和有效控制掺杂合成过程，针对元素的激光在线诊断不可缺少。而相选择性激光诱导击穿光谱恰恰可以提供相选择性的元素信息，即可以从中获知在何时何处何种元素从气相转变到颗粒相。此外，如第2章中所述，这种光谱方法的相选择的本质实际上源于纳米材料的能带选择性。因此，多种元素掺杂过程中的能带变化有可能通过这种方法进行定性观测，且拥有其他方法所不具备的优势。

3.4.1　掺杂合成装置

掺杂火焰合成装置如图 3.11 的右侧部分所示，包括设计的燃烧器和前驱物进给系统。该火焰合成系统由周围多元扩散火焰稳定的预混本生灯火焰(Hencken-stabilized Bunsen burner)组成。在本生灯火焰中，预混气体 CH_4、O_2 和 N_2 流过直径为 8 mm 的中心管。预混气体的流量包括 0.21 L/min 的 CH_4、0.71 L/min 的 O_2 以及 1.9 L/min 的 N_2，焰后温度达到约 1750 K。多元扩散平焰燃烧器，直径为 75 mm，由 288 根金属细管构成，金属细管的内径约为 1.2 mm。这些金属细管均布排列并穿过金属蜂窝。流量为 0.96 L/min 的甲烷流过金属细管，而流量为 8.32 L/min 的 O_2 和 14.7 L/min 的 N_2 混合后由金属蜂窝的空网格流入火焰场。多元扩散火焰高度均小于 1 mm，无炭烟生成，并产生最高温度约为 1500 K 的均匀层流一维流场。本生灯火焰的高度达到 50 mm，由于周围的多元扩散火焰产生了一维高温流场，因此中心的本生灯火焰热损失较小。

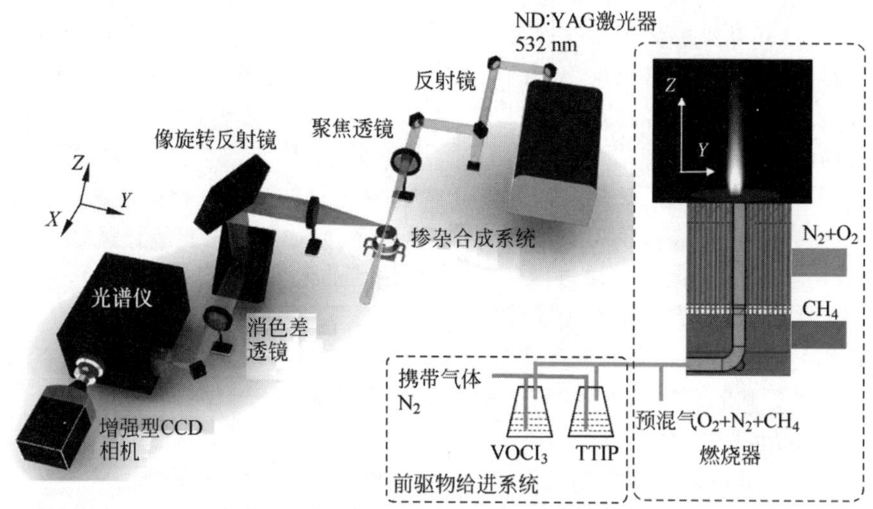

图 3.11　掺杂火焰合成系统及在线激光诊断装置

四异丙醇钛 TTIP(Sigma-Aldrich，纯度 97%)用作 TiO_2 纳米颗粒合成的前驱物，三氯氧钒 $VOCl_3$ (J&K Chemical Ltd.，纯度 99%)用于合成 V_2O_5 纳米颗粒。前驱物 TTIP 和 $VOCl_3$ 的温度分别控制在 373 K 和 298 K。N_2 将前驱物通过中心管输送到火焰场中。前驱物 TTIP 的进给率为 0.034 g/min，对应着 0.6 L/min 的 N_2 载气流量，而对于前驱物 $VOCl_3$，其进给速率为 0.0069 g/min，对应着 0.05 L/min 的载气流量。考虑到约 2.82 L/min 的总预混气体流量，这个进给速率对应的前驱物浓度为 9.61×10^{-4} 和 3.14×10^{-4}。前驱物的加载率与载气流量成正比，因此可以通过改变载气流量来调节两种元素的掺杂比例。合成的纳米颗粒由水冷板收集,温度保持在约 440 K,以防止出现掺杂纳米颗粒的严重壁面烧结现象。

图 3.11 的左侧部分显示了在线激光诊断装置。Nd：YAG 激光器作为激发源,工作在 10 Hz 二倍频的模式下。一个焦距为 750 mm 的平凸透镜将激光束聚焦到合成反应流的中心线,激光光束的腰宽直径约为 375 μm。原子发射信号的收集装置与第 2 章所述一致。在典型的信号检测过程中,增强型 CCD 相机的快门宽度设为 300 ns,无需延迟。在时间分辨测量中,典型的快门宽度为 5 ns,激光脉冲的延迟由示波器(Tektronics TDS2014C)显示和控制。典型的信号采集时间为 100～200 次。典型的单脉冲激光能量为 25～30 mJ,对应焦点处的激光强度为 30～36 J/cm^2 的通量。

3.4.2　掺杂合成机理分析

通过 X 射线衍射(X-ray diffraction,XRD)对收集的纳米颗粒进行表征。通过 XRD 分析的掺杂纳米颗粒如图 3.12(a)所示。掺杂的纳米颗粒是多晶的。对于 V 元素,V_2O_5 和 VO_2 晶向同时出现,而对于 Ti 元素,则包括锐钛矿和金红石。图 3.12 中未标出的其他峰由 V 元素的复合氧化物(如 V_2O_3)引起。掺杂纳米颗粒的透射电子显微镜(transmission electron microscopy,TEM)结果如图 3.12(b)所示。颗粒粒径在 20 nm 左右,在掺杂合成得到的纳米颗粒下显示复合晶格结构。根据图 3.12 可以确认分辨出 V_2O_5 的(1 1 0)晶面和锐钛矿的(1 0 1)晶面。

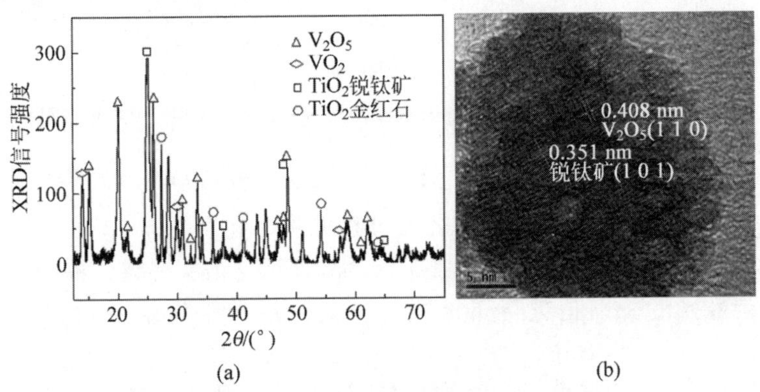

图 3.12　掺杂纳米颗粒的 XRD 和 TEM 结果

(a) XRD 图; (b) TEM 图

相选择性激光诱导击穿光谱中产生的 V、Ti 原子发射光谱如图 3.13 所示。信号采集区域位于燃烧器出口上方 31.5 mm 高度处。TTIP 和 $VOCl_3$ 的前驱物浓度分别为 1.602×10^{-3} 和 3.14×10^{-4}。光谱仪光栅在 432.90～444.94 nm 和 494.55～505.28 nm 扫描，观察到几个不同的原子发射峰。

图 3.13 中的蓝色和红色线分别源于 NIST 数据库中在局部热平衡条件下的原子光谱参考 NIST 数据库，可以识别出 Ti 和 V 的原子发射峰。在测量过程中，肉眼和增强型 CCD 相机都没有观察到可见的等离子体辐射，表明观察到的信号强度是由相选择性激光诱导击穿光谱引起的。这里选择的 V 和 Ti 原子光谱在波长上并不重合，因此可以对原子信号强度为 437.50～441.13 nm 时进行直接数值积分，即代表颗粒凝聚相中的 V 元素；而对原子光谱为 497.69～504.50 nm 进行数值积分时，即代表颗粒凝聚相中的 Ti 元素。这样，V 和 Ti 的原子信号强度可以根据该积分值进行相互对比。

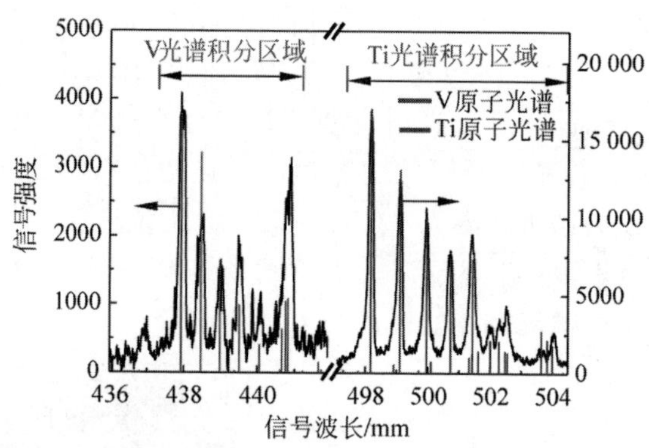

图 3.13　相选择性激光诱导击穿光谱中 V、Ti 原子光谱(见文前彩图)

在前驱物 TTIP 浓度为 9.61×10^{-4}、前驱物 $VOCl_3$ 浓度为 3.14×10^{-4} 时，图 3.14 展现了在掺杂合成过程中从燃烧器上方 1.5～34 mm 位置范围内沿着中心线位置处的相选择性激光诱导击穿光谱。曲线中的 Ti 和 V 信号强度分别是进行了 3 次重复测量后的平均结果，相对误差小于 5%。

在掺杂合成中，Ti 和 V 的信号在燃烧器出口处就已经出现，然后在下游逐渐增加，并且最终在燃烧器上方 $z=14$ mm 处达到饱和值。如第 2 章中所讨论的，此处信号强度的增加是由于相选择性激光诱导击穿光谱的测

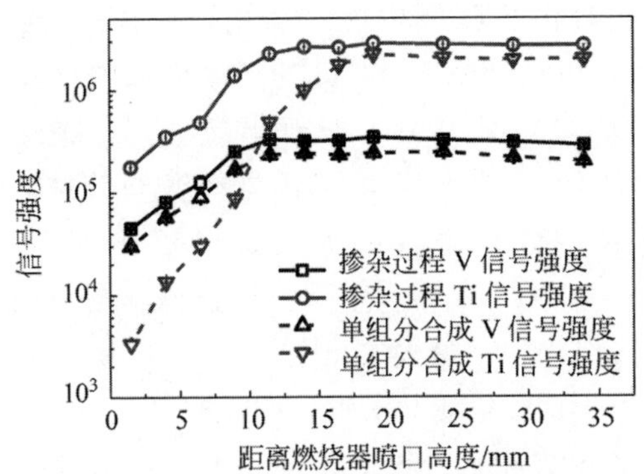

图 3.14　掺杂合成中沿着中心线不同高度的相位选择激光诱导击穿光谱信号强度

分别对比了掺杂合成过程和纯物质合成过程中的 Ti 和 V 信号

量对象从分子逐渐生长为 6～8 nm 的纳米颗粒，而信号在该范围内存在尺寸依赖性。由于 V 和 Ti 的原子光谱同时出现在燃烧器出口位置，这意味着初始纳米颗粒在燃烧器出口位置已经形成。作为比较，纯 V 和纯 Ti 的合成过程中 V 和 Ti 的信号也在图 3.14 中用虚线绘制。在纯物质合成过程中 V 的信号比掺杂合成过程中 V 的信号低 20%～30%，但仍保持相同的趋势。较低的信号饱和值可能源于测量过程中物质间的基体效应(chemical matrix effect)，在传统的激光诱导击穿光谱对土壤进行分析的过程中也观察到类似的现象[221-222]。值得注意的是，TiO_2 添加后基本不会影响 V 原子谱线信号强度，反之，添加 V 的氧化物对 Ti 原子谱线信号强度却产生了明显增强的作用。当单纯合成 TiO_2 纳米颗粒时，信号强度在燃烧器上方 $z\approx 19$ mm 处达到饱和值。掺杂合成的位置则提前 5 mm 达到饱和。而且，在 Ti 的信号强度达到饱和值之前，纯 TiO_2 纳米颗粒合成过程中的信号强度比掺杂合成中的 Ti 信号强度低了将近一个数量级。

这种 V 对 Ti 的信号增强作用可以通过颗粒能带变化来解释。如第 2 章所述，在相选择性激光诱导击穿光谱中，颗粒相的原子光谱由激发-烧融-击穿机制所导致。其中电子跨越能带到达导带是最为重要的一个物理过程。锐钛矿 TiO_2 的能带宽度为 3.2 eV[223-224]，金红石 TiO_2 的能带宽度为 3.0 eV[223]，V_2O_5 的能带宽度为 2.5 eV[225]，这些纯物质都需要两个 2.34 eV 光子的激发过程才可能实现。但金红石被元素 V 掺杂后，其能带宽度下降到 2.3 eV [226]，完全可以通过单光子激发过程实现，这大大增加了初始电子密度，也可以增加相应信号强度。相比而言，Ti 元素对 V 氧化物的促进作用则相对并不显著,因为 V 氧化物原本的能带就很低。

基于以上分析,可以推断 V 和 Ti 的初始成核颗粒在燃烧器出口位置就发生了碰撞和混合。对于给定的前驱物 TTIP 浓度 9.61×10^{-4} 和 $VOCl_3$ 浓度 3.14×10^{-4},两种主要 1 nm 纳米颗粒的特征碰撞率可以按照碰撞理论估算：TiO_2-TiO_2 碰撞率为 $6.36\times10^{26}\ m^{-3}s^{-1}$,$V_2O_5$-$V_2O_5$ 碰撞率为 $1.28\times10^{26}\ m^{-3}s^{-1}$,而 TiO_2-V_2O_5 碰撞率为 $5.71\times10^{26}\ m^{-3}s^{-1}$。这三种物质的碰撞率在一个量级上,因此 Ti 和 V 初始纳米颗粒的充分混合是完全有可能的。这一推测与 XRD 和 TEM 表征中观察到的 V/Ti 充分掺杂的纳米颗粒多晶结构相一致。Miquel 等在一个对冲扩散火焰实验中也观察到 V/Ti 纳米颗粒的类似组成结果[217],其中前驱物浓度为 3.0×10^{-4} $VOCl_3$ 和 3.0×10^{-4} $TiCl_4$。他们在研究中曾给出两种可能的推测机制,第一种可能机制是一种氧化物在另一种物质上的沉积,第二种可能机制是两种单组分初始纳米颗粒的快速碰撞。在线光学测量研究发现 Ti 和 V 的信号在燃烧器出口一起出现,这表明 V 和 Ti 原子同时从气相转变为颗粒相,而 V 对 Ti 的能带改变也在喷口开始就发生,这意味着第二种碰撞-聚并机制起到了决定性作用。

信号强度对激光强度的依赖如图 3.15 所示。采集位置位于燃烧器出口上 $z=31.5$ mm 位置处。当激光功率高于 20 mJ/pulse 时,V 和 Ti 信号都达到饱和区,对应的激光能量通量为 24 mJ/cm²。由 2.1 节的分析可知,在此区间信号强度可以反映颗粒相的原子数浓度。因而可以在此区间测量掺杂过程中颗粒相元素的比例。

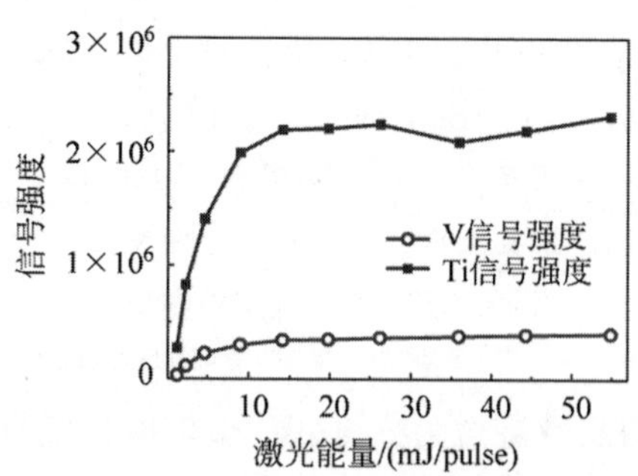

图 3.15 V-Ti 掺杂合成过程中,V/Ti 各自的信号强度随激光能量的变化

将前驱物 TTIP 的浓度由 1.6×10^{-4} 改变到 1.6×10^{-3},并将前驱物 $VOCl_3$ 的浓度维持在 3.14×10^{-4},可以调节两种元素的摩尔比 nTi : nV

从 0.5 变化到 5.1。测量得到相应的 V 和 Ti 两种元素信号比例随掺杂比的变化趋势,结果如图 3.16 所示。在测量过程中,共进行了 3 次元素掺杂比例的调整。图 3.16 中的误差主要是由合成系统的不稳定性引起的。当摩尔比大于 2.5 时,Ti 和 V 之间的原位信号比值几乎与前驱物进给量的摩尔比成正比。在低摩尔比下的偏差可能是由于在低浓度前驱物下 TiO_2 纳米颗粒粒径较小,而信号强度对颗粒尺寸具有一定依赖性。这一结果表明,相选择性激光诱导击穿光谱可以测量多元素掺杂颗粒中的凝聚相元素比值。

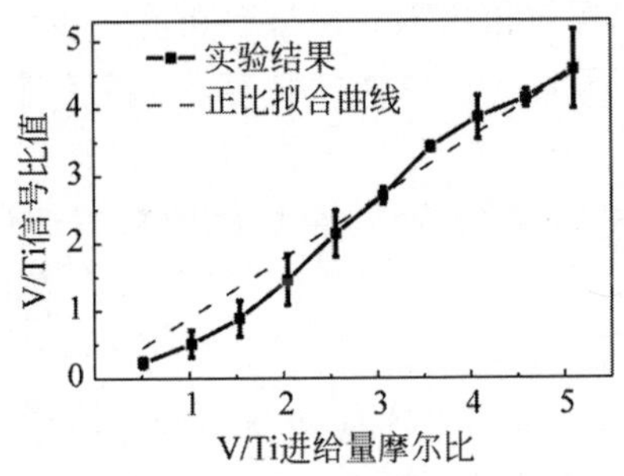

图 3.16　V-Ti 掺杂合成过程中,V 和 Ti 的信号比例随掺杂比的变化趋势

3.5　本 章 小 结

针对气相-颗粒相并存的气相火焰合成系统,本章主要揭示了气相向颗粒相的转化及颗粒相输运过程。首先进行了火焰合成中各个物理过程的时间尺度分析,确定了颗粒在火焰场中的温度历史是影响颗粒形貌和粒径的重要因素。然后,针对工业上应用很广的湍动射流扩散火焰,进行在线激光诊断,并分析揭示了气相湍流过程对颗粒生成与长大的作用。最后,面对掺杂纳米颗粒的重大工业需求,3.3 节以 V-Ti 两种元素掺杂作为研究对象,分析了颗粒掺杂合成过程中不同元素在气相向颗粒相转化过程中的相互作用。具体结论如下。

(1) 气相火焰合成过程包含反应、成核、碰撞和聚并一系列物理化学过程。基于它们的特征时间尺度分析,自由基驱动的前驱物反应一般瞬时完成并决定了颗粒生长的起点。对于金属氧化物,其单体的成核半径小于单个原子的尺度,每个单体都直接发生聚并长大的过程,而不存在逆向分解过程。颗粒的主要长大过程最终受控于碰撞-聚并过程,而两个过程强烈依赖颗粒在火焰场中的温度历史。这两个过程在火焰场的高温停留区间中相互竞争，决定了颗粒的聚集过程何时发生，也即决定了初始颗粒粒径和最终聚集体的粒径。

(2) 考虑到湍流火焰合成对实际工业应用意义重大，但针对性的在线光学诊断十分匮乏，本书首次对湍流射流扩散火焰中 V_2O_5 纳米颗粒开展了单脉冲的瞬态二维测量。对 V_2O_5 纳米颗粒中波长为 431～441 nm 的 V 原子光谱进行滤波收集，可以得到颗粒相体积分数的二维分布。随着激光强度的增加，信号强度先增加然后在 0.5 GW/cm^2 后达到饱和。进而可以在层流火焰下建立起颗粒相体积分数与饱和信号强度之间的正比关系。据此得到单脉冲测量下颗粒体积分数的瞬态分布，该结果的信噪比至少达到 17，空间分辨率为 24 μm。颗粒体积分数在扩散火焰面附近存在明显的聚集效应，这是由颗粒相在氧化剂/前驱物侧颗粒相的快速形成与稀释引起的。本征正交分解的分析进一步表明，颗粒体积分数的脉动起源于上游的不稳定火焰表面和下游的大尺度湍流掺混效应。雷诺数提高后颗粒聚集区明显增厚且峰值衰减，这是由更强脉动的燃烧反应面以及更剧烈的湍流掺混导致的。

(3) 针对掺杂火焰合成中多元素多相态复杂环境，利用相选择性激光诱导击穿光谱的相选择特性和元素分辨特性，揭示了 V-Ti 氧化物生成过程和掺杂机理。通过比较掺杂过程和纯合成过程中的信号强度，发现 Ti 几乎不影响 V 的信号，而 V 却明显增强了 Ti 信号。这一现象可以理解为 V 掺杂的 TiO_2 可以显著改变 TiO_2 能带宽度使其具有更低的能带。由于这种掺杂引发的信号增强在燃烧器出口就已经开始，V-Ti 氧化物掺杂实质上是碰撞和混合的过程。此外，饱和区的 V-Ti 信号比值可以直接反映原位测量中纳米颗粒中 V 和 Ti 元素的掺杂比。

第4章　壁面调控下的滞止火焰合成机理研究

4.1　本章引言

第3章主要在气相和颗粒相环节揭示了气相火焰合成过程中气相-颗粒相转化生成与输运，据其分析可知颗粒所经历的温度历史是决定颗粒粒径和形貌的最关键因素。固体壁面的加入可以有效减少颗粒在高温区的停留时间，在气相火焰合成中有诸多优势：①较大的温度梯度；②可控颗粒温度历史以减少聚并；③稳定火焰；④作为纳米颗粒收集装置；⑤直接用于纳米薄膜形成；⑥便于添加电场进行主动调控。阐明颗粒在滞止流场中的输运行为是实现壁面主动调控这些优势的关键因素。在之前的研究中，有过一些基本理论模型和离线测量的实验结果，而在线光学诊断的匮乏，特别是近壁面测量的缺失，严重制约了这些模型的验证与完善。此外，固体壁面的引入同样给火焰本身的稳定性带来了很大挑战。巨大的热流损失和拉伸率使得火焰很容易发生淬灭，这严重限制了壁面的调控作用。因此，研究壁面对火焰结构和稳定性的影响，选取火焰的稳定区间，对实现滞止火焰合成起到了至关重要的作用。

4.2节首先研究平面滞止火焰的火焰结构及其稳定性；在确定平面滞止火焰场稳定区间后，4.3节将利用相选择性激光诱导击穿光谱研究纳米颗粒在滞止火焰场内的生成与沉积过程。

4.2　滞止平面火焰的结构与稳定性

4.2.1　滞止火焰面结构分析

本书采用的滞止平面火焰装置如图4.1所示。预混气体CH_4、O_2和N_2通过预混腔，经过金属蜂窝和弯曲形状的喷嘴，喷嘴的内层直径d为

20 mm。特殊设计的喷嘴内径和旁路 N_2 一起构成了中心均匀流动的输入条件。一个不锈钢滞止板被放置于喷嘴一定高度之下。滞止板包括水冷和非水冷两种壁面条件。滞止板与喷口之间的距离 h 与来流速度 v_0 共同决定了滞止流场的拉伸率 a：

$$a=\frac{v_0}{h} \tag{4.1}$$

无黏理想流体滞止流动的流场为

$$\begin{cases} u=-az \\ v=ar/2 \end{cases} \tag{4.2}$$

其中，u 为轴向速度；v 为径向速度。

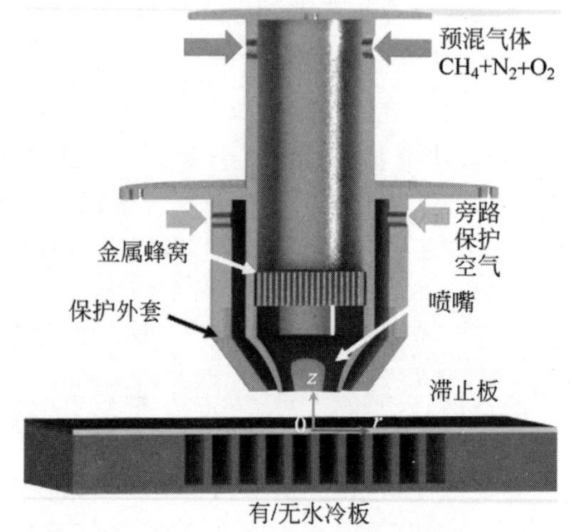

图 4.1 滞止平面火焰实验装置

滞止流动可以通过纳维-斯托克斯方程(Navier-Stokes equation)描述：

$$\begin{cases} \dfrac{\partial \rho u}{\partial z}+\dfrac{1}{r}\dfrac{\partial \rho v r}{\partial r}=0 \\ \rho u\dfrac{\partial u}{\partial z}+\rho v\dfrac{\partial u}{\partial r}=-\dfrac{\partial p}{\partial z}+\dfrac{\partial}{\partial z}\left[2\mu\dfrac{\partial u}{\partial z}-\dfrac{2}{3}\mu\,\nabla \boldsymbol{v}\right]+\dfrac{1}{r}\dfrac{\partial}{\partial r}\left[\mu r\left(\dfrac{\partial v}{\partial z}+\dfrac{\partial u}{\partial r}\right)\right] \\ \rho u\dfrac{\partial v}{\partial z}+\rho v\dfrac{\partial v}{\partial r}=-\dfrac{\partial p}{\partial r}+\dfrac{\partial}{\partial z}\left[\mu\left(\dfrac{\partial v}{\partial z}+\dfrac{\partial u}{\partial r}\right)\right]+ \\ \qquad\qquad \dfrac{\partial}{\partial r}\left[2\mu\dfrac{\partial v}{\partial r}-\dfrac{2}{3}\mu\,\nabla \boldsymbol{v}\right]+\dfrac{2\mu}{r}\left[\dfrac{\partial v}{\partial r}-\dfrac{v}{r}\right] \end{cases} \tag{4.3}$$

其中，r 和 z 分别为径向位置和轴向位置；ρ 是密度；u 和 v 分别是轴向速度和径向速度；$\boldsymbol{v}$ 为速度矢量值；μ 为气体动力黏度系数；p 是压力。通过流函数$\psi(r,z)$定义，如果假定密度 ρ 只是轴向位置 z 的函数，则可以直接满足连续性方程：

$$\begin{cases}\dfrac{\partial\psi}{\partial r}=\rho ur=2rU(z)\\[2mm] -\dfrac{\partial\psi}{\partial z}=\rho\boldsymbol{v}r=-r^2\dfrac{\mathrm{d}U}{\mathrm{d}z}\end{cases}\tag{4.4}$$

基于此，可以将式(4.3)中的动量方程转化为一个三阶和一个二阶的常微分方程：

$$2U\frac{\mathrm{d}}{\mathrm{d}z}\left(\frac{1}{\rho}\frac{\mathrm{d}U}{\mathrm{d}z}\right)-\frac{1}{\rho}\left(\frac{\mathrm{d}U}{\mathrm{d}z}\right)^2-\frac{\mathrm{d}}{\mathrm{d}z}\left[\mu\frac{\mathrm{d}}{\mathrm{d}z}\left(\frac{1}{\rho}\frac{\mathrm{d}U}{\mathrm{d}z}\right)\right]=\frac{1}{r}\frac{\partial p}{\partial r}\tag{4.5}$$

$$-4U\frac{\mathrm{d}}{\mathrm{d}z}\left(\frac{U}{\rho}\right)+\frac{4}{3}\frac{\mathrm{d}}{\mathrm{d}z}\left[2\mu\frac{\mathrm{d}}{\mathrm{d}z}\left(\frac{U}{\rho}\right)+\frac{\mu}{\rho}\frac{\mathrm{d}U}{\mathrm{d}z}\right]-2\mu\frac{\mathrm{d}}{\mathrm{d}z}\left(\frac{1}{\rho}\frac{\mathrm{d}U}{\mathrm{d}z}\right)=\frac{\partial p}{\partial z}\tag{4.6}$$

可以注意到式(4.5)和式(4.6)的右端都只是轴向位置 z 的函数，与 r 无关。因此

$$\frac{\partial}{\partial z}\left(\frac{1}{r}\frac{\partial p}{\partial r}\right)=\frac{1}{r}\frac{\partial}{\partial r}\left(\frac{\partial p}{\partial z}\right)=0\Rightarrow\frac{1}{r}\frac{\partial p}{\partial r}=\mathrm{const}\tag{4.7}$$

定义 $\Lambda\equiv\dfrac{1}{r}\dfrac{\partial p}{\partial r}$为一个轴向压力特征值，作为方程的一个待定参数。

在等温等密度无反应的冷流条件下，式(4.5)转化为

$$\nu u'''-uu''+\frac{1}{2}u'^2=-\frac{2}{\rho}\Lambda\tag{4.8}$$

其中，ν 是气体的运动黏度系数；“$'$”表示对轴向位置求导。式(4.8)是一个包含一个待定参数的三次常微分方程，求解需要 4 个边界条件：

$$\begin{cases}u\big|_{z=0}=0\\ u'\big|_{z=0}=0\\ u\big|_{z=h}=-v_0\\ u'\big|_{z=h}=-v'_0\end{cases}\tag{4.9}$$

前两个边界条件表示的是在出口位置(壁面位置)的轴向速度和轴向速度梯度为 0。一般入口边界条件的选择包括两种方法：①入口为一个平推流条件，即给定速度 v_0，速度梯度 $v_0{}'=0$，由 $\Lambda=-(1/4)\rho v'^2_0=0$ 来决定；②入口为一个理想势流的条件，即给定 $v'_0=-\alpha/2$，$\Lambda=-(1/16)\rho\alpha^2$，而入口流速直接通过计算给定。在 Bergthorson 的博士学位论文中，他按照实验测

量选取入口轴向速度和入口轴向速度梯度[49]。在冷流条件下,颗粒图像测速的滞止流场结果如图4.2所示。可以注意到,实际滞止流场与理想势流有很大差别,在喷口入口位置基本保持一个平推流条件。因此,本书选择的边界条件为

$$\begin{cases} u\mid_{z=h} = -v_0 \\ u'\mid_{z=h} = 0 \end{cases} \tag{4.10}$$

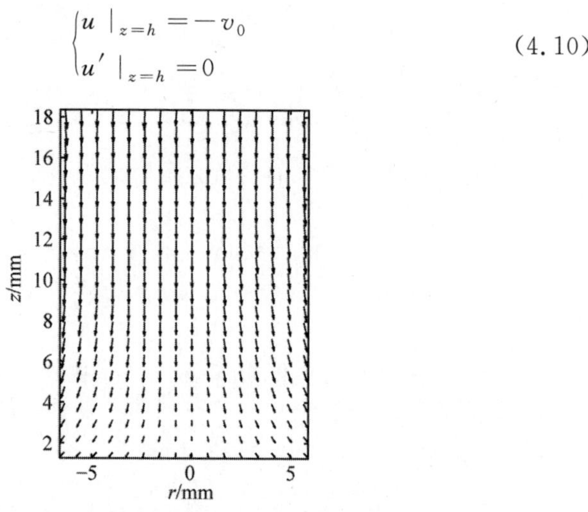

图4.2　冷流条件下颗粒图像测速得到的二维流场分布

图4.3直接对比了速度测量结果和一维模拟预测结果。横纵坐标都进行了无量纲处理,纵坐标为无量纲轴向速度 u/v_0,横坐标为无量纲轴向位置 z/h。v_0 为入口流速大小,h 为燃烧器喷口到滞止板之间的距离。z/H 为0.1~0.5,轴向流速基本维持线性变化,即可以基本认为在此阶段才达到理想滞止势流的条件。实验与模拟的对比基本一致,证明了本课题选择的边界条件合适。

进而在滞止火焰场中考虑组分反应和传热,能量方程和组分方程可以表示为

$$\rho c_{\mathrm{p}} u \frac{\partial T}{\partial z} = \frac{\partial}{\partial z}\left(\lambda \frac{\partial T}{\partial z}\right) - \sum_k j_k c_{p,k} \frac{\partial T}{\partial z} - \sum_k h_k W_k \dot{\omega}_k \tag{4.11}$$

$$\rho u \frac{\partial Y_k}{\partial z} = -\frac{\partial j_k}{\partial z} + W_k \dot{\omega}_k \tag{4.12}$$

其中,c_p 是局部混合气体的定压热容;$c_{p,k}$ 是组分 k 的定压热容;h_k 是组分 k 的焓值;W_k 是组分 k 的摩尔质量;Y_k 是组分 k 的摩尔质量;$\dot{\omega}_k$ 是组分 k 反应的单位时间摩尔浓度变化[mol/(m^3·s)];λ 是导热系数;j_k 为

组分 k 的扩散质量通量[$kg/(m^2 \cdot s)$]。在本研究中，组分的扩散质量通量是根据混合平均的方法(Mixture-average formularization)进行计算的：

$$\begin{cases} j_k = j_k^* - Y_k \sum_i j_i^* \\ j_k^* = \rho \dfrac{W_k}{\overline{W}} D_{k,m} \dfrac{\partial X_k}{\partial z} \\ D_{k,m} = \dfrac{1 - Y_k}{\sum\limits_{j \neq k}^{K} X_j / D_{jk}} \end{cases} \tag{4.13}$$

其中，$\overline{W}$ 是混合物的平均摩尔质量；$D_{k,m}$ 是组分 k 的平均质量扩散系数；D_{jk} 是组分 j 和组分 k 的二元扩散系数；X_k 和 Y_k 分别是组分 k 的摩尔分数和质量分数。

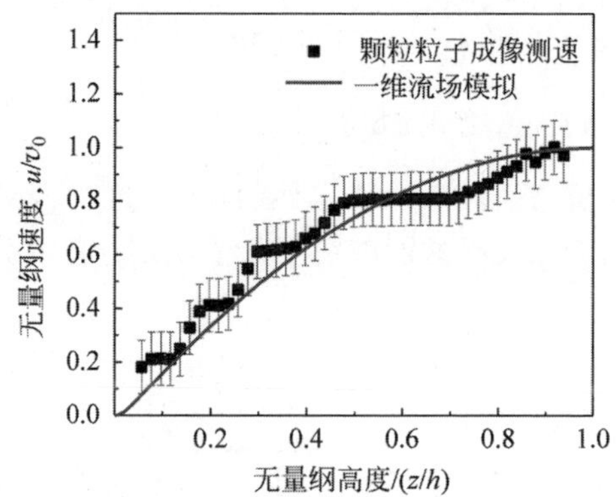

图 4.3　滞止流场内粒子图像测速与一维模拟预测结果的对比

图 4.4 显示了一个典型滞止火焰场在中心轴线上的温度和流场分布，实线和虚线分别表示温度和轴向速度结果。实线为一维滞止火焰模型的模拟结果，数据点为实验测量结果。其中温度为 K 型热电偶测量结果，轴向速度为激光多普勒速度测量结果。预混气体的摩尔组分是 $x(CH_4)=0.069$，$x(O_2)=0.176$，$x(N_2)=0.755$。总气体流量为 14.4 L/min，入口流速为 0.75 m/s。在这一条件下，火焰的最高温度约为 1850 K，火焰传播速度为 0.3 m/s。注意到在火焰面上游，流场从一个无轴线速度梯度的平推流动场转变为一个理想势流流场。由于火焰面的存在，这个离线滞止流场会在滞止板前侧出现一个虚拟的滞止点，这一虚拟滞止点与实际的滞止板位置并不重合。火焰面驻定于轴向速度第一次降低到火焰传播速度的位

置，在火焰面预热区后，火焰的轴向流速由于温度升高、密度降低而发生一个较大的跃升。而温度梯度在近壁面区域达到最大值。

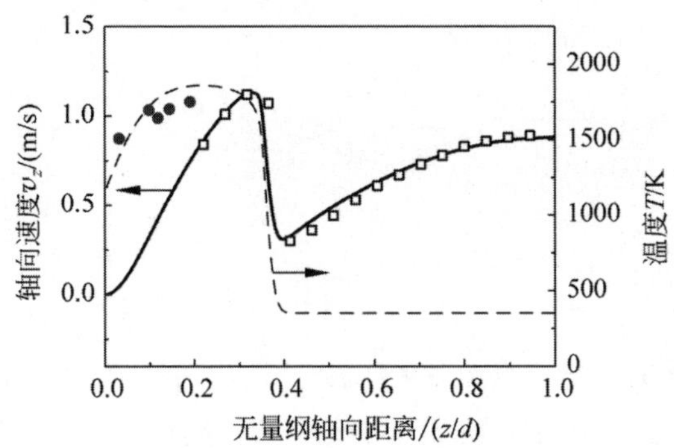

图 4.4　典型滞止火焰场在中心轴线上的温度和速度场分布

实线为一维模型的模拟结果，空心方块和实心圆点均为测量结果

4.2.2　滞止火焰燃烧稳定性分析

为了进一步解析壁面对燃烧稳定性的影响，这里运用波长调制吸收光谱测量了在火焰临近熄火时的温度和水分子摩尔分数的分布。一个典型的工况如图 4.5 所示。

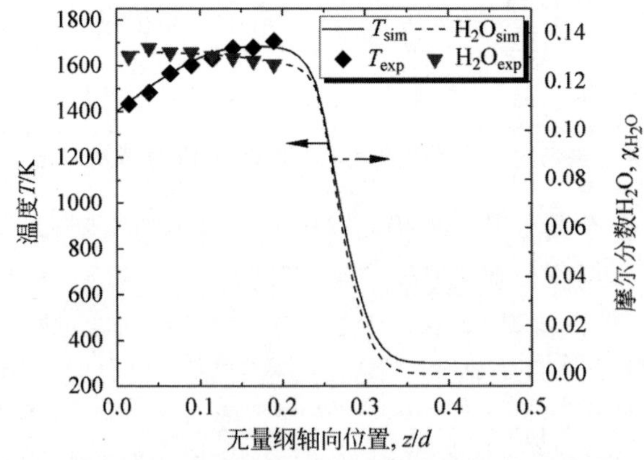

图 4.5　临界熄火位置的吸收光谱测量得到的温度分布和水分子摩尔分数分布

壁面温度条件约为 1400 K，流体拉伸率为 100 s^{-1}，当量比为 0.7。基于这一测量结果，可以得到近壁面的温度梯度 dT/dx 以及相应的热流密度：

$$q = -\lambda \frac{\mathrm{d}T}{\mathrm{d}z} \tag{4.14}$$

其中，q 为热流密度；λ 为导热系数，由相应温度和混合物成分下的理想气体导热系数求得；负号代表热量从气体传向壁面的方向。

近壁面火焰的淬灭主要受以下三方面作用：①热流损失；②火焰拉伸率；③壁面反应。这三个因素通过化学反应和流动特征时间来影响火焰的稳定性。气相化学反应时间尺度 τ_{chem} 可以定义为

$$\tau_{\mathrm{chem}} = \frac{\delta}{s_{\mathrm{L}}} \tag{4.15}$$

其中，δ 为火焰厚度，由 $(T_{\max} - T_{\min})/(\mathrm{d}T/\mathrm{d}z)_{\max}$ 来确定；s_{L} 为火焰传播速度。而流动特征时间 τ_{flow} 可以由火焰拉伸率确定：

$$\tau_{\mathrm{flow}} = \frac{1}{\kappa_{\mathrm{ext}}} \tag{4.16}$$

其中，κ_{ext} 是熄火时的局部流体拉伸率，定义为未燃气体区内最大的轴向速度梯度。

对于绝热壁面条件，当拉伸率逐渐增加时，火焰逐渐靠近壁面，此时化学反应时间几乎保持不变，直到贴近壁面发生不完全燃烧时火焰发生淬灭。对于有热流损失的壁面条件，当流场拉伸率增加时，壁面的热流会直接改变化学反应尺度，二者同时变化，此时临界的火焰拉伸率与绝热条件下有所不同。为了定义一般热流条件下的熄火极限，这里定义局部 Karlovitz 数作为判据：

$$Ka_{\mathrm{L,ext}} = \frac{\tau_{\mathrm{chem}}}{\tau_{\mathrm{flow}}} = \frac{\kappa_{\mathrm{ext}}\delta}{s_{\mathrm{L}}} \tag{4.17}$$

图 4.6 显示了临界熄火状态时，火焰的特征化学反应时间尺度随温度梯度(或热流密度)的变化。可以看到，随着热流密度的增加，临界熄火的化学特征时间逐渐增加，即化学反应强度降低，但火焰在临界稳定处的局部 Karlovitz 数仍然等于 1。

通过以上实验结果发现，$Ka_{\mathrm{L}}<1$ 可以作为平面滞止火焰的稳定性判据，这意味着火焰淬灭的临界情况出现在气相化学反应时间尺度和凝聚相壁面造成的拉伸率相互匹配的情况下。壁面反应和热流损失都可以通过影响气相化学反应时间尺度的方式影响燃烧稳定性。因此，只要满足火焰拉伸率较低，火焰并不紧贴壁面，就可以保证化学反应的特征速率大于流动的特征速率，即 $Ka_{\mathrm{L}}<1$，此时滞止平面火焰可以保证稳定。

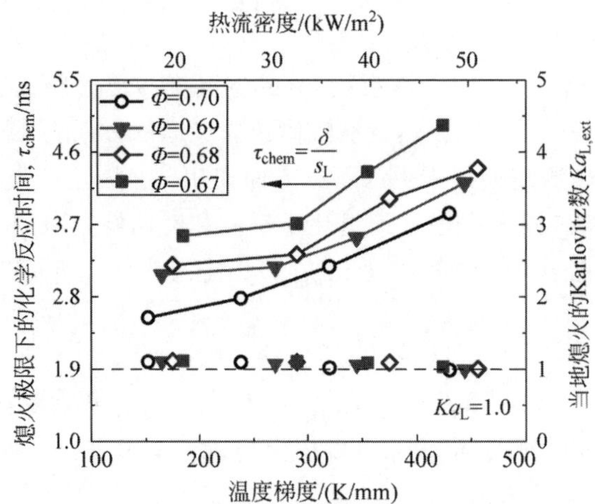

图 4.6 不同当量比下火焰位于临界熄火状态时,特征化学反应时间尺度随温度梯度(或热流密度)的变化,以及相应的局部 Karlovitz 数

4.3 纳米颗粒在滞止火焰场内的生成与沉积过程

在已知平面滞止火焰面结构及稳定特性的基础上,在预混气体内进一步添加四异丙醇钛(TTIP,$Ti(C_3H_7O)_4$,Aldrich)作为合成 TiO_2 纳米颗粒的前驱物。该液态前驱物装于鼓泡器内,加热到 90℃或 100℃。前驱物的进给量由 N_2 控制。通过称量鼓泡器的质量损失,可以测量得到前驱物在 1 L/min N_2 以及温度为 90℃时的进给量为 0.043 g/min,在 1 L/min N_2 以及温度为 100℃时的进给量为 0.057 L/min。实际照片如图 4.7 所示。在添加前驱物后,火焰颜色由气相火焰中 CH 自由基发出的蓝色光逐渐过渡为黄色的颗粒热辐射光。

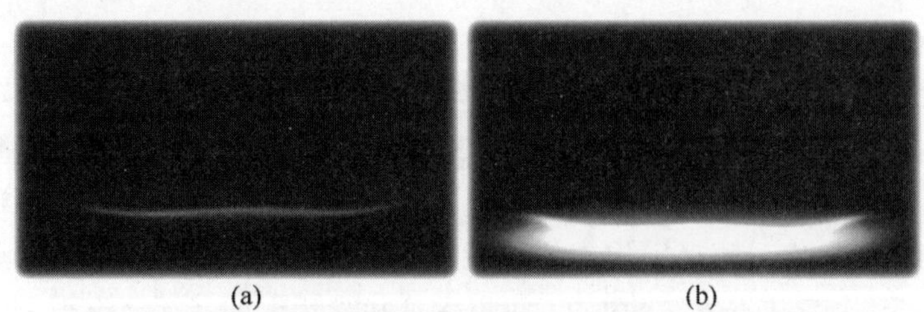

图 4.7 火焰在有无前驱物情况下的实际照片(见文前彩图)

(a) 纯火焰无前驱物;(b) 火焰+前驱物

在已知一维平面滞止火焰的温度场和流场分布的基础上，式(3.13)的颗粒对流扩散方程可以转化为特殊的一维情景，以描述颗粒在轴向上的输运过程：

$$\left(\frac{\partial v_z}{\partial z}+\frac{\partial v_r}{\partial r}+\frac{v_r}{r}\right)\varphi+v_z\frac{\partial \varphi}{\partial z}+\frac{\partial v_{\mathrm{th}}\varphi}{\partial z}-\frac{\partial}{\partial z}D_{\mathrm{p}}\frac{\partial \varphi}{\partial z}=0 \tag{4.18}$$

其中，v_r 和 v_z 分别是流速的径向分量和轴向分量；φ 是颗粒体积分数；v_{th} 是颗粒的热泳速度；D_{p} 是纳米颗粒的扩散系数，该系数与颗粒粒径相关。式(4.18)中的前四项分别代表气体热膨胀效应、颗粒在气相中对流、颗粒热泳以及颗粒扩散效应。这里忽略了颗粒在径向上的扩散和热泳，只考虑在中心线上的沉积过程。热泳速度 v_{th} 由一维情形下的 Waldmann 公式计算：

$$v_{\mathrm{th}}=\frac{-3\nu\,\mathrm{d}T/\mathrm{d}z}{4(1+\pi\alpha/8)\,T} \tag{4.19}$$

其中，ν 是气体运动黏度；T 是温度；α 是气体容纳系数，取为 0.9，它代表的是气体撞击颗粒表面时扩散散射(diffuse-reflected)的比例。在自由分子区，颗粒的扩散系数可以用式(3.15)表示。

由于前驱物 TTIP 在火焰中水解过程的特征时间在 10^{-15} s 级别，且成核的核化直径小于单分子直径，TiO_2 纳米颗粒的生长过程由碰撞-聚并过程(collision-coalescence process)来控制。该过程可以通过 Smoluchowski 方程，即式(3.4)描述，进而依据式(3.8)和式(3.12)求得特征碰撞时间和特征烧结时间。计算得到的特征碰撞和聚并时间均为温度 T 和粒径 d_{p} 的函数。图 4.8 显示了不同轴向位置的纳米颗粒粒径、碰撞特征时间和烧结特征时间的分布。

对于水冷滞止板和无水冷滞止板两种情况，合成的纳米颗粒因碰撞时间很短而在初期迅速增长。其粒径增长率随着颗粒接近滞止板而不断下降，这一规律与碰撞时间的变化规律几乎一致。聚并时间表示的是两个颗粒碰撞后聚并形成一个大颗粒的特征时间。可以注意到，由于在大部分区间内特征碰撞时间大于特征烧结时间，因此在颗粒碰撞后有足够的时间聚并形成一个大球形颗粒。颗粒聚集过程(particle agglomeration)发生在特征聚并时间超过特征碰撞时间的转捩位置上，如图 4.8 中黑色虚线所标识。对比滞止板有水冷却和无水冷却的情况，可以看到壁面温度对转捩位置的影响很大。由于颗粒聚并时间以指数形式依赖温度，当壁面温度很低时，颗粒的聚并过程被“冷冻”住。因此在相同条件下，当壁面温度较大时，可以得到较小的初始纳米颗粒(primary particle)。接近低温滞止壁面时，初始纳

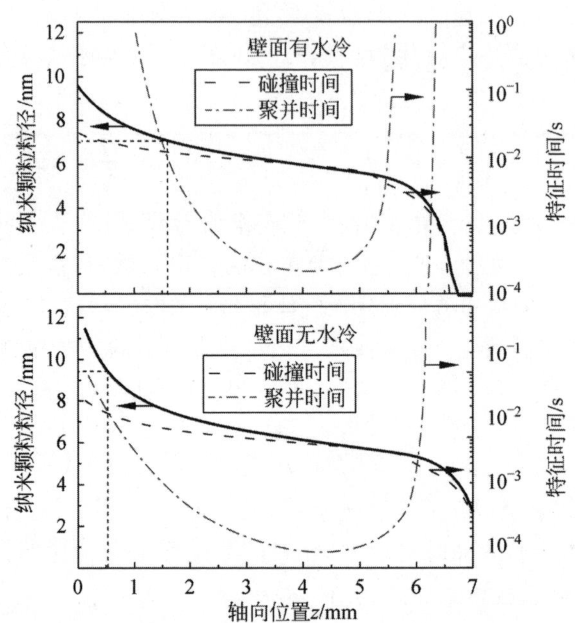

图 4.8　纳米颗粒生长过程中不同轴向位置的纳米颗粒粒径和特征时间的变化趋势

黑色实线为颗粒粒径，虚线与点画线分别表示碰撞与聚并特征时间

米颗粒维持不变，而只发生颗粒聚集过程。这个转捩点下的颗粒粒径，可以估计作为球形初始纳米颗粒粒径。对于水冷滞止板的情况，初始纳米颗粒粒径约为 7.2 nm，而对于无水冷滞止板的情况，初始纳米颗粒粒径约为 9.1 nm。当壁面温度较低时，颗粒粒径较小，这是因为纳米颗粒在高温区的碰撞-聚并时间较短。除了聚集转捩点更早发生之外，造成停留时间较短还可以归因于：①壁面高热流损失导致水冷板下的火焰传播速度较低，因此火焰面更贴近滞止板；②纳米颗粒在近壁面区域受高温度梯度影响，热泳速度较高，因此可以很快运动到滞止板上。

预测的纳米颗粒粒径与透射电子显微镜照片（transmission electron microscopy，TEM）基本一致，如图 4.9 所示。水冷板沉积得到的纳米颗粒的透射电镜照片显示 TiO_2 纳米颗粒的平均粒径为(8.48 ± 1.70)nm。而在无水冷下，纳米颗粒在滞止板上发生非常严重的烧结过程，最终聚集体的粒径为(10.74 ± 2.02)nm，这比预测值略高。与晶格数据库比较，放大的透射电子显微镜照片清晰显示出锐钛矿(1 0 3)和(1 0 1)晶面结构。该锐钛矿结构的产生与火焰中的氧化环境相关[227]。

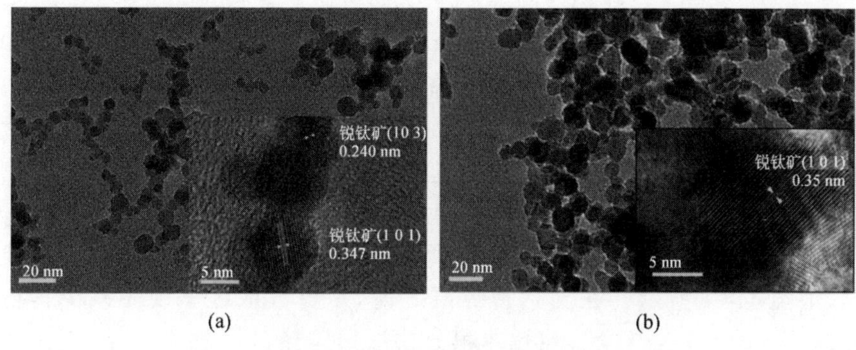

图 4.9 预测的纳米颗粒粒径与透射电子显微镜照片

(a) 壁面有水冷；(b) 壁面无水冷

虽然之前研究提出过很多纳米颗粒的近壁面沉积理论，但一直缺乏直接的在线实验验证。本书首次运用相选择性激光诱导击穿光谱对近壁面的颗粒沉积过程进行了定量二维诊断。在二维测量中，安装了两个 500 nm 的光学带通滤光片，该滤光片在光谱上的半高宽度(full width at half maximum，FWHM)为 10 nm。两个带通滤光片重叠在一起用以遮挡来自壁面和颗粒的散射光。激光被光学镜组调整为片光源，光源与壁面重合。设置增强型 CCD 相机的拍摄角度与激光片光角度发生小角度的偏折，以保证信号光可以全部被相机捕捉到而不会被壁面遮挡或反射。

一个典型的相选择性激光诱导击穿光谱的二维近壁面测量图像如图 4.10 所示。由于水冷壁的较大温差会导致激光光束偏折，因此这里只对无水冷的滞止火焰系统进行了诊断和测量。

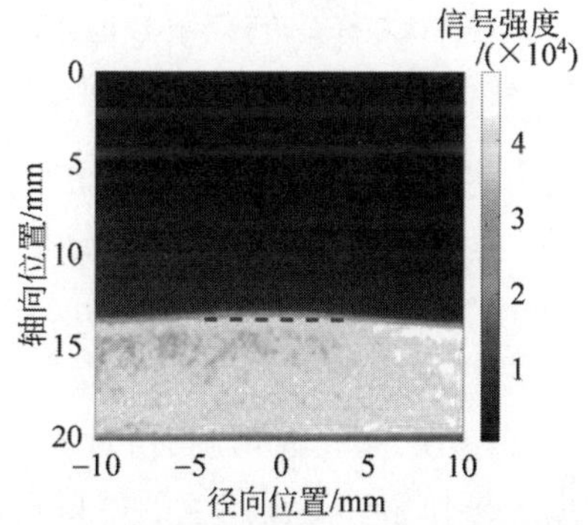

图 4.10 近壁面颗粒沉积的相选择性激光诱导击穿光谱二维测量结果(见文前彩图)

该测量图像是 9 张照片的平均结果，每次照片累计积分时间为 3 s。每次测量的信噪比可以达到 29。如第 3 章所述，这里的信号强度反映了气相向 6 nm 颗粒的转化过程，并且信号强度直接与颗粒数浓度成正比。因此，二维信号在上侧的梯度反映了 TiO_2 纳米颗粒的迅速形成与长大，这与之前的群平衡模型几乎一致。信号在其余位置几乎没有发生大的波动，直到信号在近壁面附近以巨大的梯度降低至零。

从二维测量图像中可以得到颗粒体积分数沿着中心线的分布情况，如图 4.11 所示。在到达边界层之前，颗粒数浓度呈现先减少再增加的趋势。在这一区域，颗粒体积分数由气体热碰撞效应主导，正比于气体密度，即 $\varphi \propto \rho_g$。在滞止板附近，颗粒数浓度从最大值到 0 的骤降发生在一个厚度约为 200 μm 的浓度边界层处，如图 4.11 中的插图所示。

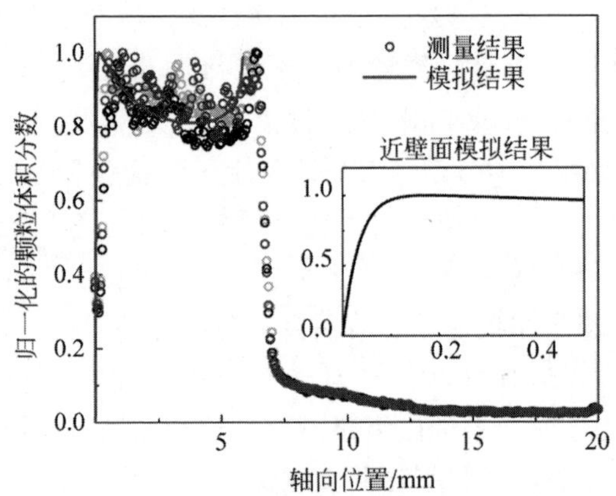

图 4.11 颗粒体积分数沿着中心线的分布情况

插图显示颗粒体积分数在近壁面区域的分布

模拟结果进一步给出了无量纲的沉积通量，如图 4.12 所示。在大部分区间内，颗粒的对流一直主导着纳米颗粒的沉积通量，其通量值 $F=\varphi u$ 正比于轴向速度 u。由于颗粒数浓度在主流区域随位置变化不明显，因此沉积通量 F 在主流区满足滞止流场内的理想势流规律，与位置成正比。只有处于流体边界层 $\delta \approx \sqrt{\nu/a} \approx 0.52$ mm 内部时，对流速度降低，纳米颗粒的热泳和布朗扩散才占据主导作用。热泳产生的质量通量在近壁面 0.1 mm 位置处达到最大，而扩散则在壁面处达到最大。因此，在边界层外，颗粒的沉积主要依靠对流过程，随后由热泳通量所控制，扩散过程主导最终的颗粒沉积到壁面处的通量。但扩散过程的绝对通量受颗粒浓度影响,而浓度又受对流和扩散过程影响,因而最终的颗粒沉积过程还是取决于颗粒在颗粒沉积边界层之前的通量大小。由于气相火焰的轴向速度在滞止区之前已经减小到 0,因此起到决定作用的是热泳过程。

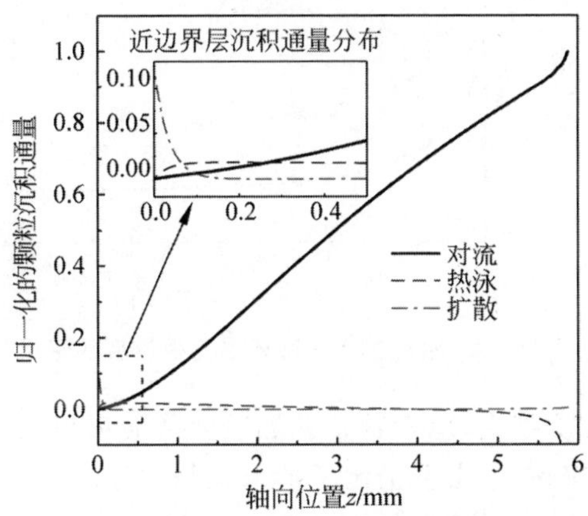

图 4.12　颗粒在不同位置的无量纲沉积通量

插图显示了在近壁面区的颗粒沉积通量

由热泳速度的表达式可知,热泳过程由滞止火焰场在近壁面的温差决定,因此颗粒的热泳沉积通量受滞止板温度的影响极大。如图 4.13 所示,可以看到滞止板温度对颗粒数浓度的分布产生了巨大改变。对于较低温度的滞止板,颗粒在滞止平面存在一个高浓度区间,即一个显著的聚集过程,随后再快速衰减至 0。而对于较高温度的壁面,颗粒浓度在进入浓度边界层之前几乎保持不变。考虑颗粒输运过程在边界层位置的贝克来数(Pelect number)[59]

$$Pe \equiv \frac{\delta_p u_p}{D_p} \tag{4.20}$$

如果将其设为 1,即颗粒的速度与其扩散相平衡,则颗粒的浓度边界层厚度 δ_p 可以表示为

$$\delta_p = \frac{D_p}{u_p} \tag{4.21}$$

其中,u_p 为颗粒进入浓度边界层位置的速度。较低温度的滞止板提供了较高的热泳速度,因而可以减少颗粒浓度边界层厚度。

影响颗粒沉积合成的另一个重要因素是前驱物进给速率。如图 4.14

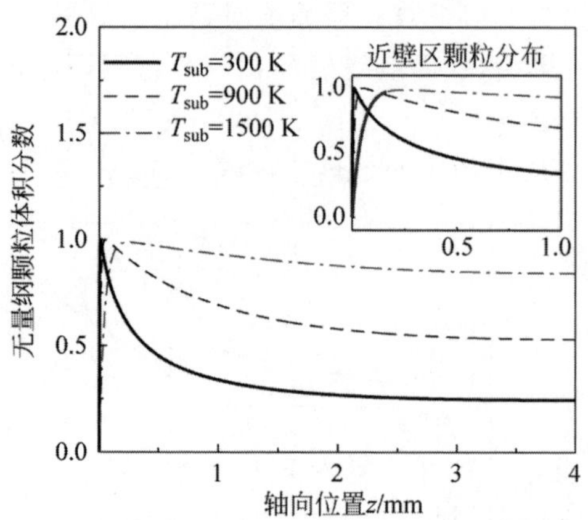

图 4.13　颗粒体积分数随滞止板温度的变化

所示，纳米颗粒浓度越高，纳米颗粒在近壁面区的聚集位置就越贴近壁面。由于前驱物进给速率 $\dot{m}$ 几乎正比于纳米颗粒的体积 d_p^3，即满足 $\dot{m} \approx d_p^3$，而不影响颗粒的数浓度[100-101]，因此进给速率以改变纳米颗粒粒径的方式来影响颗粒的沉积过程。而纳米颗粒的布朗运动系数 D 反比于颗粒的粒径的平方 d_p^2，即满足 $D \approx d_p^{-2}$。由颗粒的边界层厚度的表达式(4.21)可知，厚度 δ_p 正比于布朗运动系数 D，可以直接与前驱物沉积速度 $\dot{m}$ 相关联，即满足 $\delta_p \approx D \approx d_p^{-2} \approx \dot{m}^{-2/3}$。

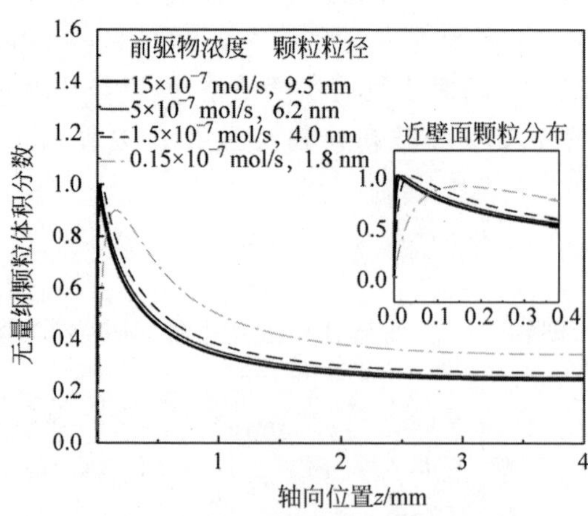

图 4.14　颗粒体积分数随前驱物浓度的变化

4.4 本章小结

针对复杂火焰场的气相-壁面环节，本章揭示了固体壁面对气相火焰合成的影响和作用。首先分析了滞止平面火焰的结构，然后以近壁面热通量测量为基础确定了滞止平面火焰的稳定机制，最终结合气相合成纳米颗粒的过程，基于相选择性激光诱导击穿光谱揭示了壁面对气相合成的调控机制以及纳米颗粒在滞止层内的沉积规律。主要内容和结论如下。

(1) 本书搭建了一个滞止平面预混火焰燃烧系统，并在忽略径向作用的假设条件下建立了一个一维滞止流场燃烧模型。在无反应流体的滞止流场环境中，颗粒粒子成像测速结果显示出喷嘴入口为一个平推流条件，并以此作为一维滞止流场模型的入口边界条件。预测的一维滞止平面火焰结果与实际测量得到的结果一致。二者共同显示，初始流场由平推流过渡到理想势流，燃烧过程的存在使该势流形成一个位置不同于壁面的虚拟滞止点。在势流的轴向流速降至火焰传播速度时，发生燃烧过程，轴向流速因温度升高、密度降低发生巨大跃升。在火焰面，流场再次回归到势流，直到接近近壁面位置时流场因黏性效应产生边界层效应。基于波长调制光谱测量求得壁面热流密度，发现无量纲的局部 Karlovitz 数小于 1 可以作为平面滞止火焰的稳定性判据，这意味着在火焰淬灭的临界情况出现在气相化学反应时间尺度和凝聚相壁面造成的拉伸率相匹配的情况下。壁面反应和热流损失都可以通过影响气相化学反应时间尺度的方式影响燃烧稳定性。

(2) 在明确了滞止平面火焰的火焰结构和稳定性的基础上，进一步分析了壁面对火焰合成纳米颗粒的调控机制以及纳米颗粒的沉积规律。在模拟方面，建立了颗粒相体积分数在滞止火焰场中的对流-扩散方程；在线光学诊断方面，应用二维相选择性激光诱导击穿光谱直接测量了颗粒相体积分数在近壁面区域的输运过程。当颗粒的聚并时间超过碰撞时间时，颗粒从聚并过程转捩为聚集过程，此时聚集体中的初始纳米颗粒不再长大。相对于无水冷壁面，壁面被水冷降温后可以明显将该转捩过程提前，将初始纳米颗粒粒径从约 10 nm 降至约 7 nm。在线光学诊断得到的颗粒相体积分数分布同样与数值模拟吻合较好，表明颗粒沉积过程已被准确描述。在沉积过程中，颗粒相体积分数在火焰面后的理想势流区域几乎保持不变，直到在近壁面区域因为气体热膨胀而达到最大值，随后在一个 200 μm 的浓度边界层内迅速衰减至 0。在主流区对流过程占据主导，而在近壁面的流动边界层区域，由于气相对流效应减弱，颗粒的热泳和扩散效应才凸显。颗粒最终的沉积取决于近壁面的扩散通量，而该通量又依赖在颗粒浓度边界层外的颗粒浓度值，因而最终热泳效应对颗粒的沉积过程起到了决定性作用。定义颗粒浓度边界层厚度为颗粒贝克来数为1时对应的特征长度，即$\delta_p = D_p/u_p$，可以发现滞止壁面温度通过热泳速度显著影响颗粒沉积速度u_p，而前驱物浓度则会通过颗粒粒径影响颗粒扩散系数D_p。降低壁面温度可以提高热泳速度并促进颗粒在近边界的聚集效应，显著减少颗粒浓度边界层厚度并增加颗粒在边界层外的浓度。增加前驱物进给量则会提高纳米颗粒粒径，导致颗粒的扩散系数增加，进而扩大颗粒浓度边界层厚度。

第5章　电场调控火焰稳定性研究

5.1　外加电场调控火焰合成的机理分析

第4章主要讨论了滞止壁面对复杂火焰场的调控方式，本章将进一步探讨外加电场的调控方式。如第1章所述，电场调控火焰合成的主要机制包括三方面：①电场通过调控火焰场改变纳米颗粒在火焰中的停留时间；②电场通过电泳力作用使颗粒在输运过程中拥有一个外加的电泳速度；③通过放电对颗粒荷电，从而依靠静电分散改变颗粒的聚并速率，如图5.1所示。前人已经有许多唯象的结论，但是仍然没有准确的机理描述，其根本原因是外加电场对火焰场本身的作用十分复杂，使得第一个作用难以被准确描述，最终导致外加电场对火焰合成纳米颗粒的作用难以被解耦。此外，随着工艺不断放大，在实际工业规模系统中的燃烧不稳定性对于气相合成工艺也十分重要，因此，加强对火焰稳定性的主动调控机理研究也很有必要。

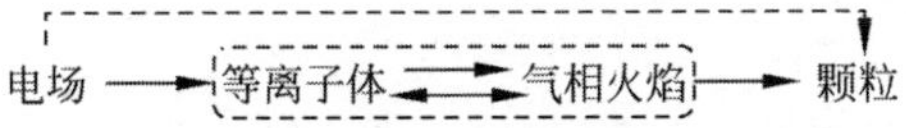

电场 → 等离子体 ⇄ 气相火焰 → 颗粒

图5.1　电场调控火焰合成机理分析

颗粒的荷电机理包括场致荷电和扩散荷电。对于克努森数(Knudsen number，Kn)很小的纳米颗粒而言，即粒径 d_p 远小于离子自由程 λ 约为 10^2 nm 时的颗粒位于自由分子区，其荷电机制为颗粒与空间中离子的相互碰撞，用扩散荷电方程来描述：

$$i=\frac{d_p \varepsilon_0 k_B T}{2e^2}\ln\left[1+\left(\frac{2\pi}{m_i k_B T}\right)^{\frac{1}{2}} d_p \frac{e^2}{\varepsilon_0} n_{i\infty} t\right] \tag{5.1}$$

其中，i 为单个颗粒的元电荷数量；d_p 为纳米颗粒粒径；ε_0 为真空介电常数；k_B 为玻尔兹曼常数；T 为温度；e 为元电荷量；m_i 为离子质量；n_i 为离子浓度；t 为荷电时间。火焰是一个包含大量正负电荷的等离子体，纳米颗粒的荷电是由颗粒与离子的碰撞导致的。考虑 d_p 为 $10^{-10}\sim10^{-9}$ m，$t=\delta/s_L$ 约为 10^{-3} s，$T=10^3$ K，$n_i=10^{16}$ m^3，可以发现 i 远小于 1，即单个颗粒无法带上一个元电荷。此时经典的扩散荷电理论失效，而需要用 Fuchs 提出的随机荷电理论描述[228]。Pui 等的实验结果表明，对于单极荷电(unipolar diffusion charging)而言，纳米颗粒的荷电比例小于 10%[229]。Fuchs 和 Sutugin 的理论计算则表明在双极荷电(bipolar charging)的情景下，3 nm 颗粒的荷电比例也只有 5%[230]。因此，在本书所关注的非击穿电场下，调控火焰合成的物理机制主要为电场通过火焰等离子体作用于气相流场，进而间接影响合成颗粒。除火焰合成系统外，外加电场下火焰等离子体与气相火焰的相互作用同样可以用于一般意义上的燃烧调控过程，因此成为本书的研究重点。

为简化系统并重点关注火焰等离子体在非击穿电场作用下对火焰的作用，本书利用滞止火焰结构构造出一个最简单的一维电场环境。5.2 节主要表现了交流电场下火焰动力学行为，发现了一种独特的电致火焰发声现象。对火焰面化学荧光辐射的细致观察表明火焰存在一种独特的火焰面脉动现象。5.3 节利用更为简单的直流电场，研究这种火焰面脉动背后的火焰电动流体动力学不稳定机理。

5.2 火焰等离子体调控火焰动力学

5.2.1 火焰等离子体主动调控方案

在现代燃烧装置设计中，为了降低 NO_x/CO_2 的污染物排放限值，燃烧工况越来越趋向超贫燃预混的火焰。这种超贫燃预混火焰由于火焰传播速度下降，存在火焰稳定性差的缺陷，这使传统控制技术面临很大困难，亟须寻找新技术来控制。作为一种可能的解决方案，外部击穿或亚击穿电场已经被深入研究，可以实现扩展贫燃可燃极限[231-232]、稳定火焰[145-146]、对火焰进行主动控制[134,233-234]等。如第 1 章所述，外加电场和等离子体的化学反应效应、热效应以及输运效应可以显著改变化学反应路径和速率[235-236]、调节流动模式[47,138]和引起流体动力学不稳定性[148]。这些效果有可能直接改变火焰稳定性。之前的研究表明火焰传递函数在电场[237-238]和纳秒脉冲放电[134,238]下会发生变化。

然而，除改变火焰对外界扰动的响应外，外加电场更主要的作用在于直接对火焰产生复杂扰动，从而实现一种主动控制过程（active control）。该主动控制方案如图 5.2 所示，一般情况下，气相火焰不稳定性起源于来流速度、当量比、涡产生/脱落、燃料汽化过程等微小扰动，这些扰动在一定的延迟时间后就会直接作用于火焰，与火焰面内在的不稳定性相结合，最终造成燃烧释热率脉动，而释热率脉动在热声耦合过程中可以产生系统的压力脉动，压力脉动会进一步影响来流的初始脉动，如此形成复杂的热声耦合过程。在传统的主动燃烧控制方法中，传感器测量得到的释热率脉动或压力脉动信号，经过控制器处理，通过驱动器作用于来流脉动位置，可以直接控制来流脉动。该方法由于通过间接控制来流气体来控制燃烧，因而作用时间往往较长，但优点在于有成熟的火焰传递函数（flame transfer function）或火焰描述函数（flame describing function）作为理论基础，作用机理相对简单。而图 5.2 中虚线显示的路径，是等离子体或者电场直接作用于火焰面上，属于直接燃烧反应调控过程。优势在于直接作用于燃烧过程，延迟时间可以忽略，避开了复杂的流动混合过程，可以及时针对各种复杂工况做出调控应对。但是该方法依赖等离子体相与气相之间的相互作用，机理十分复杂。

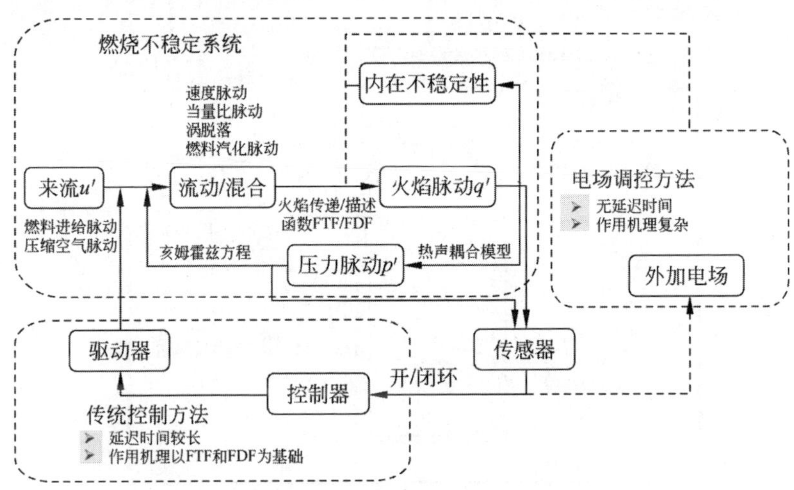

图 5.2　电场对火焰等离子体的主动调控方案

具体到非击穿电场对火焰的主动扰动过程，之前的研究表明非击穿电场可以改变火焰传播速度[151]、驱动对流[138]、模拟重力效应[143]、在限制条件下稳定火焰[145,239]、诱导涡流[47]等。但很少有研究致力于交流电场与火焰热声振荡之间的耦合。Ganguly 等报道了脉冲电压下火焰形状的瞬时变化[147,240]，他们利用粒子图像测速技术测量了电场下火焰面附近的局部流速，发现火焰锋面附近的局部速度变化由电场诱导等离子体迁移产生的体积力导致[240]。而火焰面的变化又可以导致释热率脉动，所以交流电场很有可能引起外部热声振荡，产生燃烧噪声，为主动控制非稳态燃烧提供了一种有前景的途径。

5.2.2　电场实验装置

为了简化电场设计，本书采用了第 4 章中充分研究的滞止火焰系统，利用滞止壁面作为电极。图 5.3 显示了滞止燃烧器系统、交流电场发生系统、数据采集以及同步设备的实验装配图。由 CH_4、O_2 和 N_2 构成的预混气体通过金属蜂窝和特殊设计的喷嘴，以确保柱塞流入口条件。一块石英板位于喷嘴上方 25 mm 处。预混气体的摩尔分数分别为 $x(CH_4)=0.064$，$x(O_2)=0.17$，$x(N_2)=0.766$。预混气体总流量为 16.0 L/min，对应喷嘴出口位置的平均气体流速为 0.85 m/s。

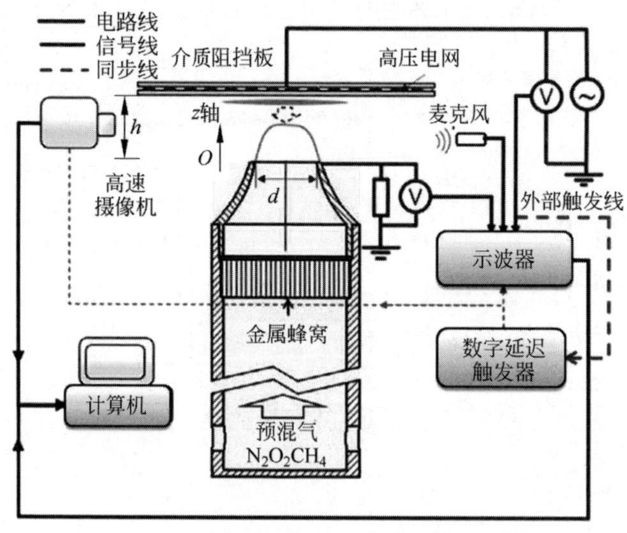

图 5.3　交流电场诱导火焰脉动的实验装置

在喷嘴和金属丝网之间施加交流电源产生的正弦波形电压，将电压的均方根值从 0 调节至 7.5 kV，频率设定为 50 Hz。这种配置可以确保电场变化足够缓慢，离子运动满足 $\omega=2\pi\mu_i E/L$ 的条件(其中 ω 是交流电源的角频率，μ_i 是离子的迁移率，E 是电场强度，L 是两个电极之间的距离)，即表明离子在一个电压变化周期内有充足的时间到达电极[138]。电压波形由 P6015A 高压探头测量。网格被放置在石英板的上方。电介质屏障装置可以避免放电，从而免除了额外的放电反应与化学过程。因为石英板的电阻比火焰小得多，电介质屏障对交流电场的影响可以忽略不计。此处用 COMSOL 软件对无火焰情况下的电势和电场强度进行了模拟，结果如图 5.4 所示。

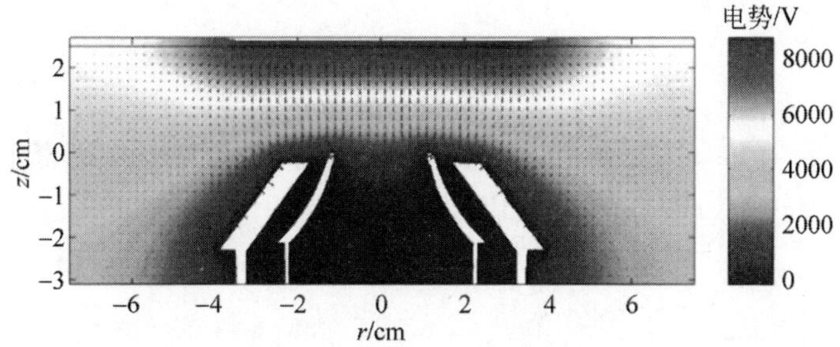

图 5.4 COMSOL 模拟得到的电场图像(见文前彩图)

流场中心区域的电场在空间中均匀分布，喷嘴出口的横截面几乎是等势的，这个结果归因于接地喷嘴的静电屏蔽效应。此外，电路中增加了一个 1 MΩ 的限流电阻，以避免电弧放电，并保护电子元件。限流电阻的压降用一个 10∶1 的电压探头进行直接测量，并获得电路中的电流。交流电源的瞬时电压 u 和电流 i 由示波器(TDS-2000C)测量得到。

火焰的化学荧光图像由 Phantom V311 高速相机拍照得到。相机装有 Tokina MACRO 100 $f/2.8$ 透镜，并以 1000 f/s 的帧速率和 990 μs 的曝光时间采集信号。将拍照信号得到的火焰图像进行重构，得到火焰面的轮廓，随后再根据火焰锋面的轮廓计算火焰表面积。轮廓的精度主要受限于曝光时间和程序精度。最终火焰表面积的误差小于 5%。将麦克风放置在离火焰中心线 22 cm(约相当于燃烧区域尺寸的 10 倍)处，并收集声波，延迟时间约为 10^{-3} s，可以忽略不计。实时声压信号 $p'(t)$ 与电流 $i(t)$ 和电压 $u(t)$ 同时被记录。这些信号在 0.5 s 的采样周期内以 5000 Hz 的频率采样。示波器和高速摄像机的采样过程由数字延迟发生器(DG645)进行同步。

5.2.3 电场诱导的火焰热声现象

图 5.5(a)显示出了在不同的电压均方根值(U_{rms})下，滞止火焰的声压级(sound pressure level，SPL)和火焰表面积 A 的幅度变化，而图 5.5(b)展示了

可用功率$\langle \Phi \rangle$和电压、电流之间的相位差θ的火焰电学特性。声压级指的是功率谱密度在交流电源基频和相应谐波频率下的积分值。火焰面面积波动，即ΔA，被定义为在一个电压脉动周期内火焰表面积的最大值和最小值之间的差值。$\langle \Phi \rangle$是电流电压乘积iu在一个电压脉动周期内的时均值。在电路中测量的电流i包括容性电流和火焰的阻抗电流。容性电流滞后于电压90°，对可用功率没有贡献。电流电压的相位差可以通过式(5.2)来计算：

$$\theta = \arccos\left(\frac{\langle iu \rangle}{\langle i \rangle \langle u \rangle}\right) \tag{5.2}$$

其中，角括号"$\langle\ \rangle$"表示一个电源周期内的积分值。声谱密度(power spectrum density，PSD，单位：dB)通过式(5.3)计算：

$$\text{PSD} = 10\lg\left(\frac{2p^2(f)}{p_{\text{ref}}^2}\right) \tag{5.3}$$

其中，$p(f)$是频域的压力函数；$p_{\text{ref}} = 2\times10^{-5}$ Pa 是参考压力。

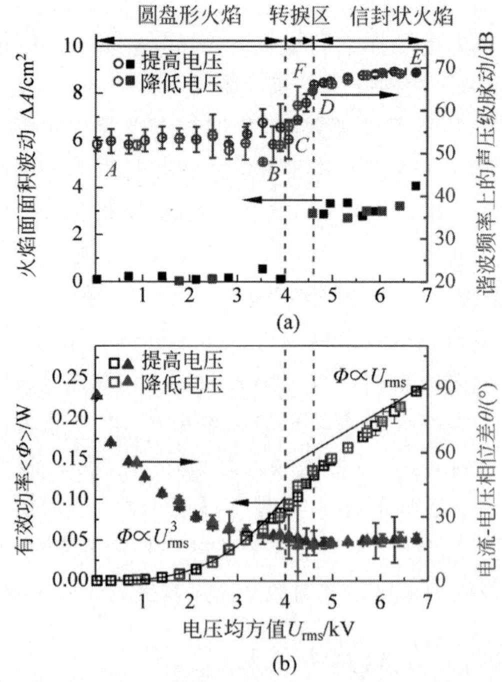

图 5.5 不同交流电压的幅值下，声压级脉动(空心圆)和火焰表面积 ΔA 的变化(实心方块)(a)与可用功率(空心方块)和电流-电压相位差 θ(实心三角)(b)(见文前彩图)

两条黑色的实线表示三次幂关系$\langle \Phi \rangle \sim U_{\text{rms}}^3$和正比关系$\langle \Phi \rangle \sim U_{\text{rms}}$

火焰面的形状在不同电压幅值下可以分为三种状态：圆盘模式(disk mode)，包络模式(envelope mode)和两者之间的过渡模式(transition mode)。图 5.6 给出了特定电压 $A\sim F$ 处的火焰面图像，图 5.7 给出了这些位置处的特征声压谱图。

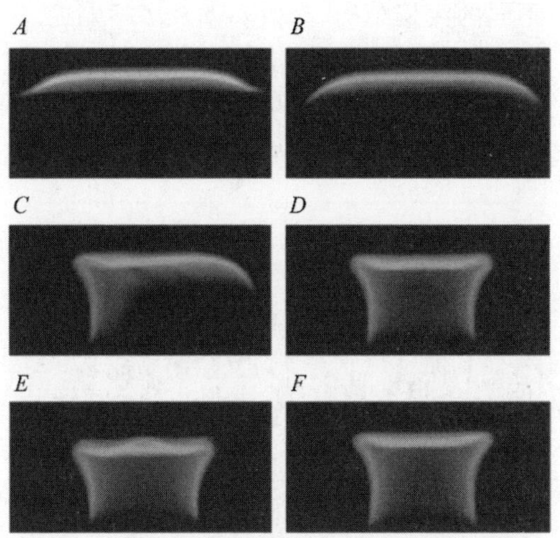

图 5.6　火焰的化学荧光辐射图像(见文前彩图)

图中 $A\sim F$ 对应着图 5.5 中 $A\sim F$ 点

当电压幅值较低时(A 点到 B 点)，火焰面保持平坦并稳定在喷嘴出口上方滞止板位置，称为圆盘火焰。此时火焰的声压级保持在 50 dB，和没有电场时相同，并且 A 点和 B 点处的声压谱图密度不包含明显的峰，因此可以认为在这种状态下压力波动主要源于实验室噪声。火焰面保持平坦无变化，其热声耦合可以忽略。同时，可用功率$\langle \Phi \rangle$随着电压以三次方增加。这种比例关系与 Lawton 和 Weinberg 提出的不饱和模式下的火焰电流公式一致[140]。因为诱导产生的电荷密度与施加的电场强度$|E|$成正比，不饱和火焰电流随着 $I_{\mathrm{rms}}\sim U_{\mathrm{rms}}|U_{\mathrm{rms}}|$ 的增加而增加。结果表明，可用功率随电压幅度的三次方成比例增加，即$\langle \Phi \rangle\sim U_{\mathrm{rms}}^3$。同时，随着火焰电流的增加，总电流的阻抗分量逐渐占优势，电流和电压之间的相位差减小，并且电极之间的燃烧流动更类似一个电阻，而非电容。

当电压继续增加时，火焰面逐渐向流体上游移动，直到稳定在喷嘴的边缘处，这种火焰在文献中被称为包络状火焰[241-242]。喷嘴出口和滞止板有助于稳定包络状火焰。火焰在不同稳定模式之间的转换不会在固定的转换电压下发生，而是在一定电压范围内随机发生。因此，这里称这一区域为过渡模式。在这个模式内,声压级从 50 dB 跃升到 65 dB;火焰面开始振荡,火焰表面积的变化幅值增加到约 3 cm^2。值得注意的是,降低电压时包络状火焰到圆盘火焰的转捩电压与增加电压时圆盘火焰到包络状火焰的转捩电压不完全重合,这表明过渡区的迟滞特性。可以注意到,具有相同电压的 C 点和 F 点对应不同的火焰结构、有效功率及声学响应。对于 C 点处的火焰,火焰面只有一部分过渡到包络状,其声谱密度与圆板模式下的声谱密度具有相似的形状。而对于 F 点电压的火焰,火焰结构仍然保持在包络状模式,声谱密度在谐波频率下也包含若干个峰,如图 5.7 中 E 所示。

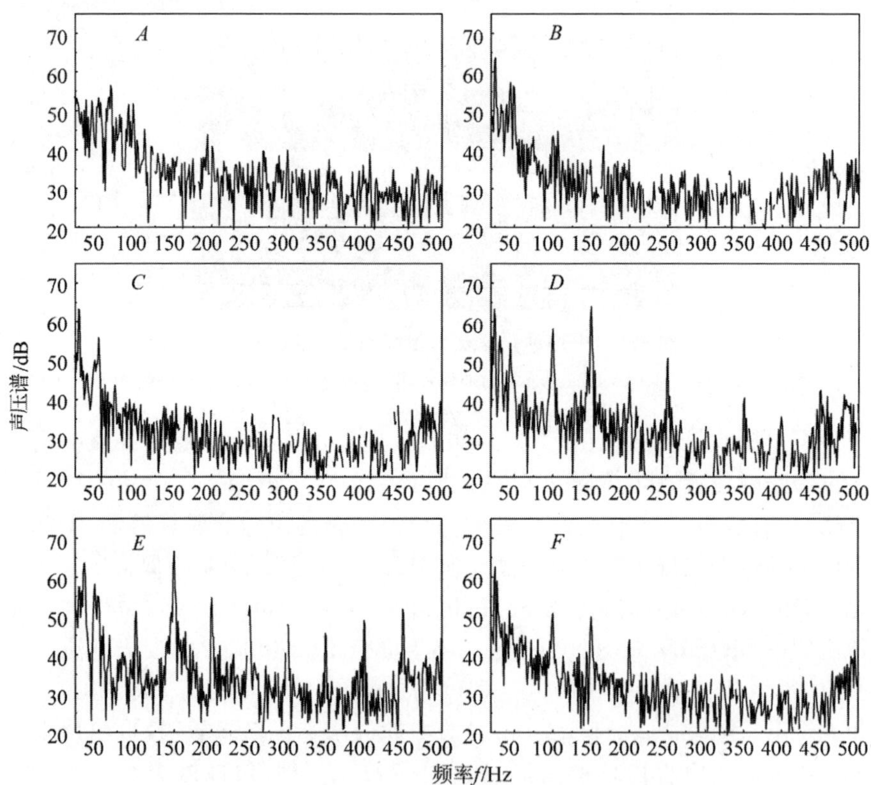

图 5.7 电致火焰热声效应的声谱密度分布

其中 A～F 点分别对应图 5.5 中的电压位置

在火焰完全转变成包络状模式后,明显观测到热声振荡现象。随着电压幅值的增加,声压级略有增加,当 U_{rms} 达到 7 kV 时,声压级最终达到 70 dB。如果电压继续增加,则会在电极之间观察到介质阻挡放电。与圆盘模式不同，位于包络状模式下的火焰，如 D 点和 E 点处，其声谱密度会在交流电压频率的整倍数位置产生几个等间隔的峰，称为谐波频率。在最高电压位置处(如 E 点处)，谐波频率处的峰值比初始的电压频率处的峰值更高，意味着这些谐波包含了更多的功率。同时，火焰锋也在这个区域发生剧烈振荡，火焰面积的变化幅度达到 3.0～3.5 cm^2。随着电压升高到最高点，火焰有效功率逐渐接近比例线 $\langle \Phi \rangle \propto U_{rms}$。在这种情况下，电流达到饱和，电流密度受到火焰锋面的化学电离率的限制，即火焰面产生的所有带电粒子都可以在电场作用下迁移到电极位置。由后面分析可知，电流在高电压位置也能够达到饱和位置点。

5.2.4　交流电场诱导声振荡的机制

针对观测到的电致火焰热声振荡现象，且伴随着火焰面的变化，本研究猜测这种全新的电致火焰热声振荡现象可能归因于不稳定燃烧。在 Schuller 等的一项工作中也观察到包含若干谐波的声谱密度分布[242]，但该工作是用一个扬声器来扰动滞止火焰的。当火焰与滞止壁相互作用时，强烈的非线性火焰响应导致了多次谐波的振荡。第一个猜测的可能性是交流电场下火焰面的非线性运动可能引发热声振荡；第二种可能的机制是周期性的体积力导致的压力波动；第三种可能的机理是火焰与燃烧器管共振后引起声振荡。为了排除第三种可能性，在燃烧器管中添加 10 mm 和 21 mm 厚的颗粒层以改变谐振点，发现声振荡的声压级不随燃烧器管的体积改变。

基于上述分析，外部电场触发火焰的热声振荡可能包括两种机制：①电场诱导产生的非稳态燃烧，其放热率脉动引起火焰的热声振荡；②等离子体在电场作用下产生体积力，可以直接引起压力波动。

为了分析这两种可能的机理，本书提出了基于线性压力波方程来研究压力振荡的模型。假设反应流近似无黏，热容量为常数，则质量、动量、能量守恒方程可以表达为

$$\begin{cases} \dfrac{1}{\rho}\dfrac{D\rho}{Dt} = -\nabla \cdot \boldsymbol{u} \\ \rho \dfrac{D\boldsymbol{u}}{Dt} = -\nabla p + \boldsymbol{f} \\ \rho c_p \dfrac{DT}{Dt} = \dfrac{Dp}{Dt} + \nabla \cdot (\lambda \nabla T) + \dot{Q} \end{cases} \tag{5.4}$$

其中，ρ 是气体密度；$\boldsymbol{u}$ 是速度；p 是压力；$\boldsymbol{f}$ 是空间体积力；T 是温度；c_p 是定压比热；λ 是导热系数；$\dot{Q}$ 是化学反应释热率。基于理想气体假设，即满足 $p=\rho RT$，可以定义声速表达式 $c^2=(c_p/c_V)(c_p-c_V)T$。式(5.4)中的第 3 个能量方程可以写作

$$\frac{Dp}{Dt}-c^2\frac{D\rho}{Dt}=(\gamma-1)\left[\nabla\cdot(\lambda\nabla T)+\dot{Q}\right]\equiv\dot{q}_\gamma \tag{5.5}$$

其中，c 是声速；γ 是绝热因子。将 $\boldsymbol{u}$、ρ、p、$\dot{q}_\gamma$ 在其稳态附近进行小量分析，并线性化，即考虑 $\boldsymbol{u}=\bar{\boldsymbol{u}}+\boldsymbol{u}'$，$\rho=\bar{\rho}+\rho'$，$p=\bar{p}+p'$，$\dot{q}_\gamma=\bar{\dot{q}}_\gamma+\dot{q}'_\gamma$，则可以将式(5.4)中与时间相关的部分表达为

$$\frac{\partial\rho'}{\partial t}=-\bar{\rho}(\nabla\cdot\boldsymbol{u}') \tag{5.6a}$$

$$\bar{\rho}\frac{\partial\boldsymbol{u}'}{\partial t}=-\nabla p'+\boldsymbol{f} \tag{5.6b}$$

$$\frac{\partial p'}{\partial t}-c^2\frac{\partial\rho'}{\partial t}=\dot{q}_\gamma{}' \tag{5.6c}$$

对式(5.6a)求时间偏导后减去式(5.6b)的空间散度，可以得到

$$\frac{\partial^2\rho'}{\partial t^2}=\Delta p'-\nabla\cdot\boldsymbol{f} \tag{5.7}$$

进一步将式(5.6c)对时间求偏导，再加上 c^2 乘以式(5.7)，则可以得到

$$\frac{\partial^2 p'}{\partial t^2}-c^2\Delta p'=\frac{\partial\dot{q}_\gamma{}'}{\partial t}-c^2\,\nabla\cdot\boldsymbol{f} \tag{5.8}$$

其中，式(5.8)的左边描述了声波的传播过程，右边第一项为不稳定热释放率的源项；右边第二项描述了振荡的电场力所贡献的源项。由于式(5.8)表示的是一个线性双曲线方程，因此可以独立分析这两个源项对压力脉动的贡献作用。

右边的第一项对应产生声振荡的第一个机制。因为振荡的火焰面位于褶皱火焰区(flamelet regime)，释热量的变化率与火焰表面面积的变化率成正比[243]。这里忽略了火焰拉伸率变化导致的平均火焰速度的变化，即在火焰振荡周期内，火焰面拥有相同的平均火焰传播速度。进一步地，如果火焰噪声可以近似看作一个单极声源振荡所引发的压力脉动，该单极声源的强度与体积膨胀率为 $\mathrm{d}\Delta V/\mathrm{d}t$，则可以将不稳定火焰视为一系列单极声源的分布，因而远场声压脉动就可以表示为[242]

$$p'(r,t)=\frac{\rho_\infty}{4\pi r}\left(\frac{\rho_u}{\rho_b}-1\right)k\left[\frac{dA}{dt}\right]_{t-\tau} \tag{5.9}$$

其中，ρ_∞ 是远场空气密度；r 是火焰与麦克风之间的距离；ρ_u/ρ_b 表示未燃烧气体的体积膨胀比；τ 是压力波传播的延迟时间；k 是一个确定总体积气体消耗速率 $d\Delta V/dt$ 与火焰表面面积变化率 dA/dt 之比的常数系数。这些参数选择如表 5.1 所示。基于式(5.9)，测量与压力波动相关的火焰表面面积的变化可以确定火焰的非线性振荡是否是产生声波的直接诱因。

表 5.1　用于从火焰表面积的变化率估计压力级的参数

r/m	ρ_∞/(kg/m^3)	ρ_u/ρ_b	T_u	k
0.22	1.2	5.57	300	0.2

图 5.8 显示了时域内的火焰表面积 $A(t)$，火焰表面积的变化率 dA/dt，远场压力波动 $p'(t)$，电压 $u(t)$ 和电流 $i(t)$。火焰表面积 $A(t)$ 的分布在一个周期循环中显示出 3 个主峰，与压力波动 $p'(t)$ 一致。考虑到时间延迟 τ 约为 0.1 ms 远小于电源周期，火焰表面面积的变化率 dA/dt 与压力波动 $p'(t)$ 近似同步。这一现象表明，火焰表面积的变化率导致了压力脉动。由于实验条件无法严格满足远场压力脉动这一条件，压力波动 $p'(t)$ 与瞬时火焰表面积 dA/dt 的变化率并不完全相同。但是，通过比较两个量的幅值大小，可以在数值上进行近似验证。

具体而言，压力脉动 $p'(t)$ 的幅值由式(5.9)计算。在计算过程中，滞止板对声波的反射作用不容忽视。遵循 Schuller 等的简化方法[242]，将反射按照镜像声源来考虑，在这种情况下，所产生的声功率是没有平板的自由火焰的两倍，所产生的压力波动是自由火焰的 $\sqrt{2}$ 倍。在这里，因为声音的波长约为 10^1 m 远大于火焰源的尺寸约 10^{-2} m，可以忽略真实源和图像源之间的相位差。计算得到的 p' 的峰峰值约为 103 mPa，与实测值约 108 mPa 一致。

另一方面，式(5.8)右边的第二项对应声振荡的第二个可能的原因。类似非稳态放热率源项的简化过程，由电场力引起的压力脉动有理论解：

$$p'(r,t)=-\frac{\iiint \nabla\cdot \boldsymbol{f}\,d^3\xi}{4\pi r} \tag{5.10}$$

利用高斯定理，可以将式(5.10)化简为

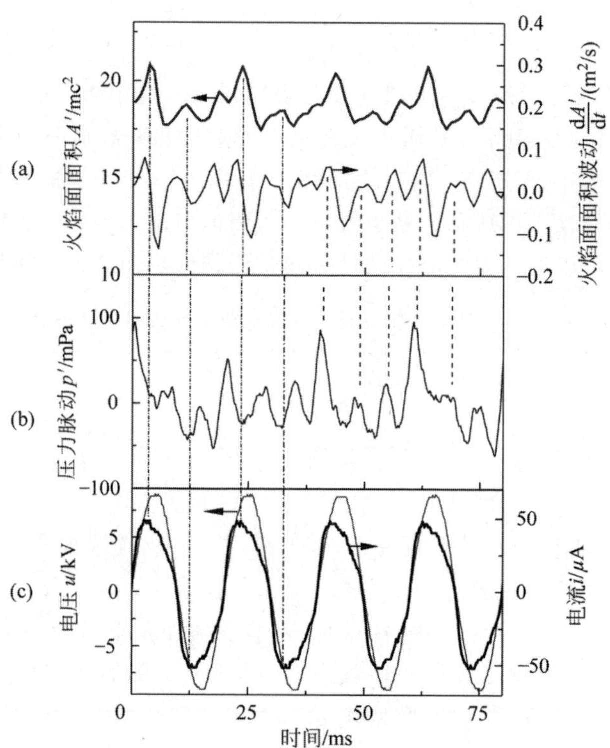

图 5.8 时域内火焰面面积 A(t)的波动,火焰表面面积变化率 dA/dt,压力脉动值 $p'(t)$,电压 $u(t)$以及电流 $i(t)$

在图中添加虚线以标记每个变量的峰值

$$p'(r,t) = -\frac{\iint \boldsymbol{f}(\xi, t - r/c)\,\mathrm{d}\boldsymbol{s}}{4\pi r} \tag{5.11}$$

其中,$\boldsymbol{s}$ 表示积分为表面矢量。在等式(5.11)中,如果忽略电子直接产生的体积力,电场体积力 $\boldsymbol{f}$ 与电流密度 $\boldsymbol{j}$ 有近似的关系表达式:

$$\boldsymbol{f} = \frac{\boldsymbol{j}}{\mu_i} \tag{5.12}$$

其中,μ_i 是离子迁移率。将电场力的表达式(5.12)代入式(5.11)中,压力脉动满足

$$p'(r,t) \propto \iint \boldsymbol{j} \cdot \mathrm{d}\boldsymbol{s} \propto \iiint n_{\mathrm{c}}\,\mathrm{d}V \tag{5.13}$$

即压力脉动与火焰场内净电荷密度 n_{c} 的体积分成正比。显然,在无击穿的

情况下，电场对火焰等离子体的操控无法产生空间中的净电荷，因此该值为 0。在其他情况下，如击穿电场引起的放电，该积分就不能按照现在这样直接忽略。另外，图 5.8 中的电流 $i(t)$ 与压力波动 $p'(t)$ 并不同步。因此可以得出结论，交流电场通过某种方式造成了不稳定燃烧，从而进一步通过热声不稳定性造成了火焰的热声耦合。

5.3　火焰的电动力学不稳定性

5.3.1　交流电场与火焰的相互作用

5.2 节中的理论和实验结果均表明交流电场通过调控火焰才产生了燃烧不稳定现象，那么本节就将进一步研究并确定交流电场对火焰的基本作用机理。因为：①这里的电场无宏观击穿效应，因而难以直接改变气相火焰的化学反应机理；②与燃烧的热量释放相比，交流电源的有效功率只占燃烧释热功率的 0.1%，可忽略不计。因此，在等离子体对气相的化学反应效应、热效应和输运效应中，输运效应起到了主要作用。

为了进一步研究电场力扰动火焰的机制，在对不同阶段的脉动火焰面进行逆阿贝尔重构变换后，得到了火焰面的轮廓曲线，如图 5.9 所示。这里默认条件是火焰面近似旋转对称，其脉动量只是 r 和 z 的函数，与周向位置 θ 角度无关。

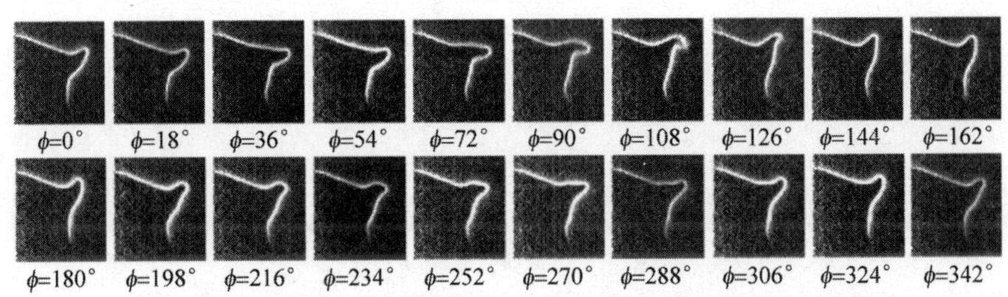

图 5.9　逆阿贝尔变换后不同相位的火焰面轮廓曲线

不同相位的火焰面的轮廓如图 5.10 所示。基于跟踪的轮廓，可以估计出火焰面不同位置的局部拉伸率。火焰面拉伸率的定义为局部面积 A 对数的随体导数：

$$\kappa = \frac{1}{A}\frac{\mathrm{d}A}{\mathrm{d}t} \tag{5.14}$$

这一表达式(5.14)可以简单表示为

$$\kappa = \nabla_t \cdot [\boldsymbol{n} \times (\boldsymbol{v}_s \times \boldsymbol{n})] + (\boldsymbol{V}_f \cdot \boldsymbol{n}) \nabla \cdot \boldsymbol{n} \tag{5.15}$$

其中，∇_t是火焰面切向方向上的导数；$\boldsymbol{n}$ 是火焰面的法向量；$\boldsymbol{v}_s$是火焰面前的流体速度；$\boldsymbol{v}_f$是火焰面的瞬时速度。式(5.15)的第一项代表着由流体在火焰面方向上的不均匀性所导致的拉伸率，第二项代表着火焰的脉动所带来的拉伸率。这里只估计第二部分，即火焰面脉动所引起的拉伸率。注意到，包络状模式下的火焰，在侧边与顶面的交接转角区域以复杂的方式摆动，这一区域内的拉伸率绝对值高达 $10^2 \sim 10^3\ s^{-1}$，而火焰面的顶部和侧面则保持相对稳定，这些区域的平均火焰拉伸速率绝对值仅为 $10^1\ s^{-1}$。这种独特的火焰面脉动形式在之前不稳定流动引发火焰面脉动研究中都没有被观测过，这也预示着火焰面与电场之间存在复杂的相互作用机制。

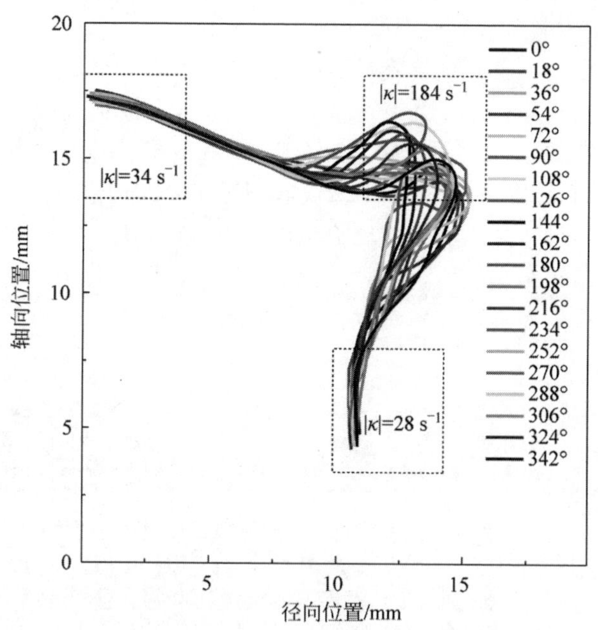

图 5.10 不同相位火焰面轮廓(见文前彩图)

红色虚框标出了区域内的拉伸率绝对值

为了更好地解释火焰面复杂脉动规律，这里主要分析局部的电流密度，因为它直接导致了体积力的生成。根据 Lawton 和 Weinberg 的理论[140]和后来 Drew 等的实验验证[138]，由电场力引起的离子风特征速度与电流密度的平方成正比。这里，应用欧姆定律来分析电流密度的分布。与离子和电子移动相比，交流电场变化缓慢，因而电流密度 $\boldsymbol{j}$ 可以由电荷连续性方程来表示：

$$\nabla \cdot \boldsymbol{j} = \nabla \cdot \sigma \nabla \varphi = 0 \tag{5.16}$$

其中，φ 是电势；σ 是电导率。电导率 σ 由式(5.17)确定：

$$\sigma = e \sum_k n_k \mu_k \tag{5.17}$$

其中，n_k 和 μ_k 是粒子 k 的粒子数浓度和电迁移率。如文献[151]、文献[244]和文献[245]所述，可以将正离子视作唯一的正电荷载体，电子作为唯一的负电荷载体来简化理论分析。为了估算特征离子浓度，首先估算火焰等离子体的特征德拜长度

$$\lambda_D = \sqrt{\frac{\varepsilon_0 k_B T}{n_0 e^2}} \tag{5.18}$$

其中，ε_0 是真空介电常数；k_B 是玻尔兹曼常数；T 是火焰等离子体温度，近似为火焰温度；e 是电子电荷。其中 n_0 是特征等离子体密度为

$$n_0 = \sqrt{k_i / k_r} \tag{5.19}$$

其中，k_i 为化学电离强度，取为 1.46×10^{-9} mol/(cm^3 · s)；k_r 为正负电荷的复合速率，取为 1.14×10^{17} cm^3/(mol · s)。特征等离子体浓度可以估计为 1.13×10^{-13} mol/cm^3（约 1.5×10^{-8}）。根据以上数值估计，火焰德拜长度大约在 10^{-5} m 的数量级范围，这一数值远小于火焰等离子体的特征尺寸，即火焰反应面的厚度约为 10^{-3} m。这意味着在火焰反应面的厚度范围内，火焰等离子体近似表现为电中性。

此外，火焰反应面的外部会产生空间电荷。该电荷值的密度可以根据泊松方程进行估算：

$$n_c: \frac{U\varepsilon_0}{eL^2} \approx 6.6 \times 10^{14} (\mathrm{m}^{-3}) \tag{5.20}$$

其中，U 是施加的电压；L 是喷嘴和板之间的距离。空间电荷密度 n_c 仅为特征等离子体浓度 n_0 的 1%，并没有显著改变电导率分布。因此，从电流分布来看，弱电离火焰可以看作准中性等离子体。

基于双极扩散理论，弱电离准中性等离子体的对流-扩散-反应控制方程可表示为

$$\frac{\partial n^*}{\partial t} + \nabla \cdot (\boldsymbol{v} n^* - D_{\mathrm{ambi}} \nabla n^*) = k_i g - k_r \tag{5.21}$$

其中，$n^* = n_i \approx n_e$ 是准中性近似下的离子或电子密度；$\boldsymbol{v}$ 是流场的速度矢量；D_{ambi} 是双极扩散系数；k_i 是电离系数；k_r 是复合系数；g 是由火焰

锋面的轮廓确定的化学电离的空间分布，具体如后文所述。

这里根据式(5.21)进行了特征尺度分析。取特征长度尺度为火焰面厚度 δ_F；特征速度尺度被设定为火焰传播速度 s_L；特征数密度估计为 n_0。基于这些特征尺度，可以确定几个时间尺度，如表 5.2 所示。

取 $\bar{\nabla} \equiv \nabla \cdot L, N \equiv n^* / n_0, \boldsymbol{v}^* \equiv \boldsymbol{v} / s_L, t^* \equiv t \cdot 2\pi\omega$，其中 ω 是交流电场的角频率，式(5.22)给出了方程(5.21)的无量纲形式：

$$Sr \frac{\partial N}{\partial t^*} + \bar{\nabla} \cdot \left(\boldsymbol{v} N - \frac{1}{Pe} \bar{\nabla} N \right) = Da (g - N^2) \tag{5.22}$$

其中，Sr 是斯特劳哈尔数(Strauhler number)，被定义为 $2\pi\omega\tau_C$，约为 10^{-1}；Pe 是贝克来数(Peclet number)，定义为 τ_D/τ_C，约为 10^1；Da 是邓克尔数(Damköhler number)，定义为 τ_C/τ_R，约为 10^2。

表 5.2　火焰准中性等离子体的几个时间尺度

时间尺度	公　　式	数　　值
对流时间，τ_C	δ_F/S_L	4×10^{-3} s
扩散时间，τ_D	δ_F^2/D_{ambi}	2×10^{-2} s
反应时间，τ_R	$1/\sqrt{k_i k_r}$	8×10^{-5} s

因此，反应项相比其他三项占主导地位，无量纲等离子体浓度 N 约为 $\sqrt{g}$，等离子体浓度 n^* 即满足

$$n^* = n_0 \sqrt{g} \tag{5.23}$$

将式(5.23)代入式(5.16)和式(5.17)中，则可以获得电导率分布 σ。在此简化模型的基础上，可以直接求得最大电压位置时的电势和电流密度分布，如图 5.11 所示。

图 5.11 中黑线表示该时刻的火焰形状，可以看到火焰锋面接近等电位。因此，电流密度可以沿着火焰面的方向流过，并当火焰面与外界电场方向一致时达到最大。在火焰角部区域，导电性突然发生巨大变化，电荷也因此聚集在角部位置，并垂直火焰面移动。由于体积力正比于电流密度，这种垂直火焰面的电流密度会引起很大的速度脉动，进而会诱导产生高曲率位置处的火焰面脉动。相对于包络状火焰面，圆盘状火焰因曲率较低，不会发生类似的脉动。

从另一个角度来看，火焰面的变化可以反过来影响火焰的电学特性。在图 5.8 中可以注意到，电流和火焰表面积同时达到峰值。当超过 90°的相位

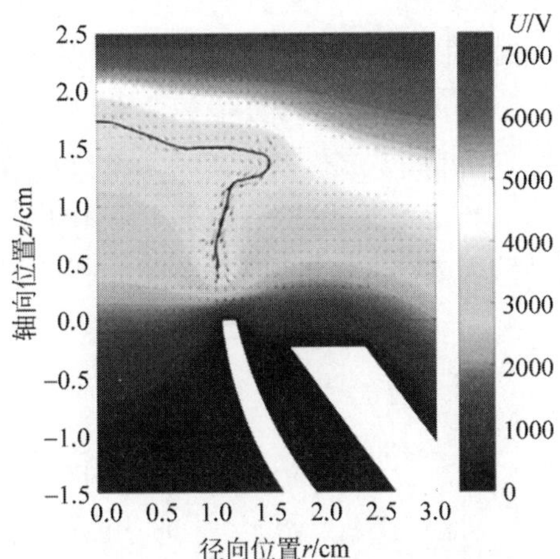

图 5.11 根据简化模型模拟计算得到的最大电压位置时的电势、电流密度分布和火焰面(见文前彩图)

其中黑线表示火焰形状,云图表示电势分布,蓝色箭头表示电流密度

时,火焰表面积开始大幅下降,电流缓慢下降,之后不跟随电压变化。电流在接近高电压值时,达到饱和水平。其饱和值受限于可由火焰表面积表示的离子反应速率。为了进一步阐明火焰反应速率对火焰电流响应的影响,将电流 I、电压和电压的绝对值乘积($U|U|$)以及火焰表面积 $A-\langle A\rangle$ 在频域范围内的变化绘制如图 5.12 所示。对于电流,在电压基频的奇数倍频率下,其峰值高度高于在基频偶数倍频率处的峰值。如 5.2.3 节所述,电流在交流电压的一个周期内两次达到饱和,这对电流在基频处的分量起到了重要作用。

当火焰电流不饱和时,电流由外部电压决定,可表示为 $i\approx n_{c}eKE$。这里,电荷密度 n_{c} 与外部电场 E 和化学电离率都有关。一方面,n_{c} 正比于电场强度 $|E|$,因此电流与 $E|E|$ 近似成正比。这里绘制 $U|U|$ 来代表频域内的 $E|E|$,发现 $U|U|$ 仅在基频的奇数倍处具有峰值,对应奇数峰值附近的电流分量。这一事实表明,电流在基频的奇数倍频率处的峰值是由外部电场的变化引起的。另一方面,如方程(5.19)和方程(5.20)的分析所述,电荷密度 n_{c} 也受到化学电离率的影响。根据傅里叶分解定理,化学电离项可以分解为:$\dot{r}_0+\dot{r}_1\cos(\omega t+\phi_1)+\dot{r}_2\cos(2\omega t+\phi_1)+\cdots$。其中 $\dot{r}_0$ 是化学电离率的第 0 项,而 $\dot{r}_1\cos(\omega t+\phi_1)$ 则是由谐波频率下的燃烧反应脉动所引起的小量,依此类推。这里在图 5.12 中绘制频域中的火焰表面积的变化以表示化学电离率的小项。

如图 5.12 所示，频域中的火焰表面积具有位于基频倍数处的若干等间隔峰。因此对应非稳态燃烧，$\dot{r}_0U|U|$ 和 $\dot{r}_2U|U|$ 等诱导产生了电流在基频奇数倍处的峰值，而电流在基频偶数倍的峰值则归因于 $\dot{r}_1 \cdot U|U|$ 和 $\dot{r}_3U|U|$ 等。根据上述分析，火焰化学电离速率可以影响电流响应，而电流密度又决定了电场力和火焰面扰动。火焰的动力学响应与电流响应之间的自循环反应过程是导致火焰在电场作用下发生复杂行为的原因。

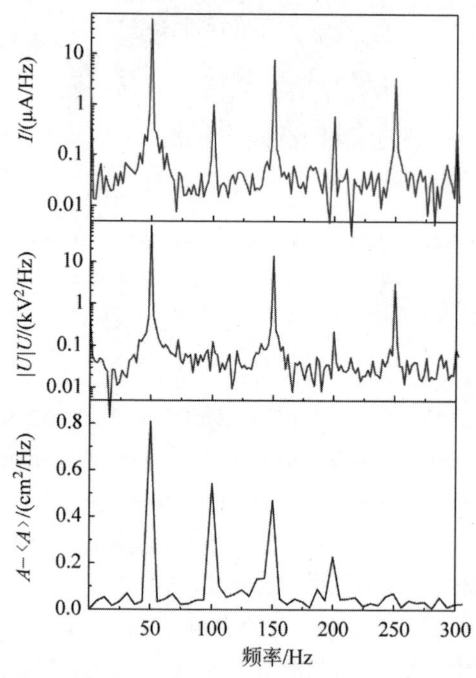

图 5.12　频率范围内，电流 I（顶部面板），电压绝对值乘以电压 $|U|U$（中间面板）以及火焰表面面积（底部面板）的变化

5.3.2　直流电场下的火焰不稳定性研究

在上述研究过程中，可以看到火焰面在高曲率位置的电流密度是导致火焰面发生复杂脉动的主因。而 Volkov 等在实验以及 Belhi 等在模拟中也发现了类似的不均匀电流密度现象[150]。因此，弯曲的火焰锋可以直接影响电流密度分布，并产生不均匀的体积力。此外，不均匀的体积力也可以反过来影响流场和控制火焰面。因此，火焰流体动力和电学响应之间的双向耦合作用可能形成正反馈回路，产生一种电动流体动力的燃烧不稳定性现象。由于复杂的火焰场-电场耦合，这种火焰的不稳定性与以前研究中报道的其他外部体积力影响下的燃烧不稳定性，如开尔文-亥姆霍兹不稳定(Kelvin-Helmohotz instability)、瑞利-泰勒不稳定性(Rayleigh-Taylor instability)等过程完全不同[212,246-247]，其机理有待进一步研究。

5.3.2.1　实验装置

研究火焰稳定性的实验装置同样是一个滞止预混火焰，预混气体 CH_4、O_2 和 N_2(摩尔分数分别为 0.07，0.20，0.73)以 1 m/s 的速度流过喷嘴。在喷嘴内添加了一个特制的蜂窝，可以在气体出口位置产生一个不均匀的流场分布。中心轴线速度最低，引起火焰锋皱褶。利用粒子图像测速技术对流场进行测量，将 2～4 μm 的氧化铝颗粒给入到滞止流场中，用 2 W 的 450 nm 连续激光照亮这些颗粒，再由 Phantom V331 高速相机进行拍照，帧率为 2000 f/s，曝光时间为 489 μs。

2.4 节的讨论表明，可以用火焰在 431 nm 的化学荧光辐射来表征火焰面中的化学电离层。因此，使用尼康相机(Nikon D300s)进行火焰面结构拍照时，在透镜(AF-S NIKKOR 100-mm f/3.2)之后，会用带通滤光片(中心滤光波长为 430 nm，半峰全宽为 10 nm)对火焰辐射进行过滤。典型的火焰化学荧光图像如图 5.13 中所示。高速摄像机(Phantom V311)以 1000 f/s 的帧率直接记录火焰面的动态行为，曝光时间为 990 μs，以此记录火焰锋的动态行为。

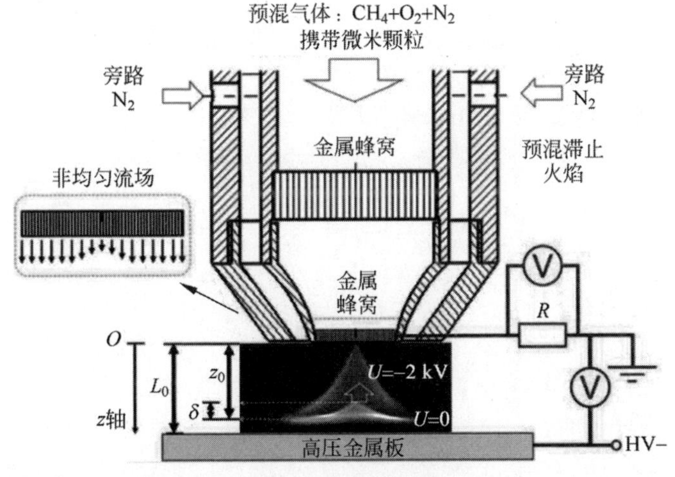

图 5.13　滞止火焰装置以及电路系统

蜂窝喷嘴接地时，板上加负高压；图中的伪彩色图像表示 CH^* 的化学荧光辐射

由信号发生器(RIGOL DG-4162)控制的负高压电源在喷嘴出口的蜂窝和底板之间施加了一个缓慢变化的正弦电场。由于正弦电压的周期长达约 10^2 s,可以将火焰场的响应变化视为准稳态,因此可以近似为直流电压下的火焰动力学行为。一个 $R=100\ \text{k}\Omega$ 的电阻被串联在电路中,用以保护电源。

5.3.2.2　火焰等离子体数值模型

为了精确分析火焰的电学响应,这里不再简单按照电流密度进行定性分析,而是定量考虑火焰场中的带电粒子输运行为。参考之前研究的一维模拟模型[138,141],这里建立一个二维模型来描述轴对称火焰场中电荷的迁移、扩散和反应:

$$\begin{cases}\nabla\cdot(-D_{\mathrm{c}}\nabla n_{\mathrm{c}})+\nabla\cdot(\mu_{\mathrm{c}}n_{\mathrm{c}}Z_{\mathrm{c}}\boldsymbol{E})=k_i g_i-k_{\mathrm{r}}n_{\mathrm{c}}n_{\mathrm{e}}\\ \nabla\cdot(-D_{\mathrm{e}}\nabla n_{\mathrm{e}})+\nabla\cdot(\mu_{\mathrm{e}}n_{\mathrm{e}}Z_{\mathrm{e}}\boldsymbol{E})=k_i g_i-k_{\mathrm{r}}n_{\mathrm{c}}n_{\mathrm{e}}-k_{\mathrm{a}}n_{\mathrm{e}}g_{\mathrm{a}}\\ \nabla\cdot(-D_{\mathrm{a}}\nabla n_{\mathrm{a}})+\nabla\cdot(\mu_{\mathrm{a}}n_{\mathrm{a}}Z_{\mathrm{a}}\boldsymbol{E})=k_{\mathrm{a}}n_{\mathrm{e}}g_{\mathrm{a}}\end{cases}\tag{5.24}$$

其中,D 是组分的扩散系数;n 是粒子浓度;Z 是带电粒子的电荷量;μ 是电迁移率;下标 c、e 和 a 则分别代表正离子(cations)、电子(electrons)、负离子(anions);矢量 $\boldsymbol{E}$ 表示电场强度,可以通过泊松方程来求解:

$$\begin{cases}\nabla\cdot\nabla V=-\dfrac{e}{\varepsilon_0}\sum\limits_k n_k Z_k\\ \boldsymbol{E}=-\nabla V\end{cases}\tag{5.25}$$

其中,V 是电势分布;e 是电子电荷量;ε_0 是真空介电常数。

在轴对称二维坐标系中,上述模型可以表达为

$$\begin{cases}-\dfrac{1}{r}\dfrac{\partial}{\partial r}\left(D_{\mathrm{c}}r\dfrac{\partial n_{\mathrm{c}}}{\partial r}\right)-\dfrac{\partial}{\partial z}\left(D_{\mathrm{c}}\dfrac{\partial n_{\mathrm{c}}}{\partial z}\right)+\dfrac{\partial(\mu_{\mathrm{c}}n_{\mathrm{c}}E_{\mathrm{r}})}{\partial r}+\dfrac{\partial(\mu_{\mathrm{c}}n_{\mathrm{c}}E_{\mathrm{z}})}{\partial z}=k_i g_i-k_{\mathrm{r}}n_{\mathrm{c}}n_{\mathrm{e}}\\ -\dfrac{1}{r}\dfrac{\partial}{\partial r}\left(D_{\mathrm{e}}r\dfrac{\partial n_e}{\partial r}\right)-\dfrac{\partial}{\partial z}\left(D_{\mathrm{e}}\dfrac{\partial n_e}{\partial z}\right)+\dfrac{\partial(-\mu_{\mathrm{e}}n_{\mathrm{e}}E_{\mathrm{r}})}{\partial r}+\dfrac{\partial(-\mu_{\mathrm{e}}n_{\mathrm{e}}E_{\mathrm{z}})}{\partial z}=\\ \quad k_i g_i-k_{\mathrm{r}}n_{\mathrm{c}}n_{\mathrm{e}}-k_{\mathrm{a}}n_{\mathrm{e}}g_{\mathrm{a}}\\ -\dfrac{1}{r}\dfrac{\partial}{\partial r}\left(D_{\mathrm{a}}r\dfrac{\partial n_{\mathrm{a}}}{\partial r}\right)-\dfrac{\partial}{\partial z}\left(D_{\mathrm{a}}\dfrac{\partial n_{\mathrm{a}}}{\partial z}\right)+\dfrac{\partial(-\mu_{\mathrm{a}}n_{\mathrm{a}}E_{\mathrm{r}})}{\partial r}+\dfrac{\partial(-\mu_{\mathrm{a}}n_{\mathrm{a}}E_{\mathrm{z}})}{\partial z}=k_{\mathrm{a}}n_{\mathrm{e}}g_{\mathrm{a}}\\ \dfrac{\partial^2 V}{\partial r^2}+\dfrac{1}{r}\dfrac{\partial V}{\partial r}+\dfrac{\partial^2 V}{\partial z^2}=-\dfrac{e}{\varepsilon_0}(n_{\mathrm{c}}-n_{\mathrm{e}}-n_{\mathrm{a}})\\ E_{\mathrm{r}}=-\dfrac{\partial V}{\partial r}\\ E_{\mathrm{z}}=-\dfrac{\partial V}{\partial z}\end{cases}$$

$$\tag{5.26}$$

其中，对于反应项，k_i、k_r，k_a 分别代表化学电离速率、粒子复合速率以及电子吸附速率。火焰等离子体主要的化学反应与实验系数如表 5.3 所示。

表 5.3　化学电离与复合的反应速率

	$A/(\mathrm{cm^3,mol,s})$	n	$E_a/(\mathrm{kJ/mol})$
$CH+O \longrightarrow CHO^+ + e^-$	2.51×10^{11}	0	7.12
$e^- + O_2 + O_2 \longrightarrow O_2^- + O_2$	1.52×10^{21}	−1	4.99
$e^- + O_2 + N_2 \longrightarrow O_2^- + N_2$	3.59×10^{21}	−2	0.58

这里考虑二维模型中归一化空间分布函数 $g_i(r,z)$ 和 $g_a(r,z)$ 来表示基于火焰面结构的化学电离和电子吸附的空间分布。

在贫燃甲烷-空气预混气体中，路易斯数近似为 1，火焰拉伸效应可忽略不计[248]，所以弯曲火焰面结构在其发现方向上可以近似为一个一维火焰。此外，由于中性分子仅仅为电子和离子的反应提供了反应环境，而反过来不受电荷反应的影响[249]，因此中性粒子的浓度和温度在沿着火焰面方向可以直接通过 CHEMKIN 软件获得。基于该火焰结构可以采用表 5.3 中的系数，按照 CH 自由基和 O 自由基计算得到电离速率，按照 O_2 和 N_2 的气体组分浓度计算吸附速率。反应速率由化学反应速率关系式(5.27)计算：

$$k = AT^n \exp\left(-\frac{E_a}{k_B T}\right) \tag{5.27}$$

计算结果如图 5.14 和图 5.15 所示。

将化学电离反应速率按照高斯分布进行拟合，得到系数 k_i 和归一化空间函数 $g_i(x)$。该空间函数 $g_i(x)$ 中的空间坐标 x 是局部火焰面的位置。在二维弯曲火焰面上，将 x 定义为空间中任意一点到火焰面的距离，即可以直接将 x 转化为空间坐标 (r,z)，这样就得到了空间函数 $g_i(r,z)$。这里火焰面的形状是由实验拍摄的化学荧光辐射直接求得的。对吸附反应速率也进行相同的操作，只是拟合函数为误差函数，最终得到吸附的二维分布函数 $g_a(r,z)$。值得注意的是，电离过程只发生在火焰面位置，而吸附过程则主要集中在焰前区间，这是因为火焰面前侧的吸附系数远大于焰后的附着系数，与电负性 O_2 浓度变化有关，符合 Goodings 等实验测量得到的负离子分布[250]。

式(5.24)忽略了带电粒子带电物质的对流，这是因为离子和电子的迁移速度远大于其对流速度[138,141]。例如，在 100 V/cm 的电场强度下，离子

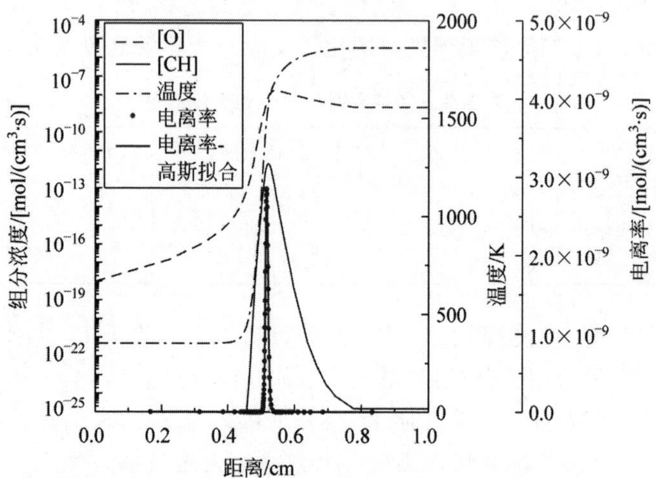

图 5.14 一维火焰模型中自由基 CH 和 O 的浓度，温度及化学电离反应 $CH+O \longrightarrow CHO^+ + e^-$ 的电离速率

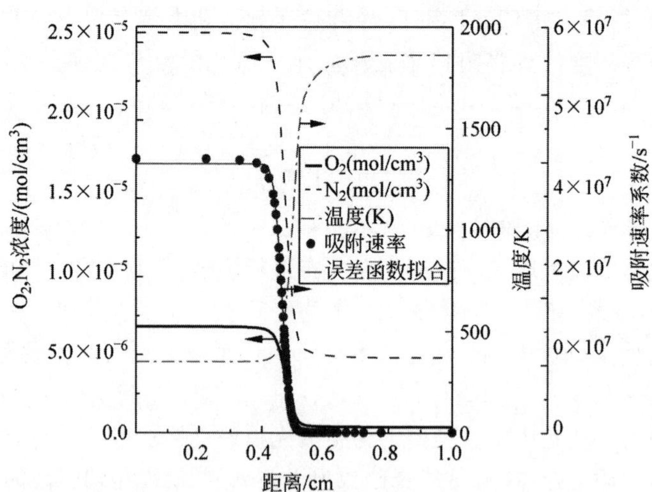

图 5.15 一维火焰模型中 O_2 和 N_2 的浓度，温度及化学电离反应 $CH+O \longrightarrow CHO^+ + e^-$ 的电离速率

迁移速度约为 1 m/s，这比流速约为 0.1 m/s 大了一个数量级。在式(5.24)中，离子扩散系数和其电迁移系数可以通过爱因斯坦关系式相关联：

$$D_k = \frac{\mu_k k_B T}{e} \tag{5.28}$$

其中，下标 k 表示 c(正离子)、e(电子)和 a(负离子)；k_B 为玻尔兹曼常数；T 为温度。

表 5.4 给出了边界条件。电极处的物质通量由局部电场下的迁移决定。这些方程通过超松弛算法(successive over-relaxation, SOR)方法进行求解。采样均匀矩形网格点使用一阶迎风进行离散化，采取了从 2000(50×40)到 32 000(200×160)的 3 个连续细化的网格来验证其收敛性，然后选择了 8000(100×80)的网格进行计算。最后，可以根据带电粒子的浓度分布来获得电流密度 $\boldsymbol{j}$ 和电场力 $\boldsymbol{f}$，其表达式为

$$\begin{cases} \boldsymbol{j} = \boldsymbol{\Gamma}_c - \boldsymbol{\Gamma}_e - \boldsymbol{\Gamma}_a \\ f = (n_c - n_e - n_a) e\boldsymbol{E} \end{cases} \tag{5.29}$$

其中，$\boldsymbol{\Gamma}_c$、$\boldsymbol{\Gamma}_e$、$\boldsymbol{\Gamma}_a$ 分别表示正离子、负离子和电子的输运通量，具体表达式为

$$\begin{cases} \boldsymbol{\Gamma}_c = -D_c \nabla n_c + \mu_c n_c \boldsymbol{E} \\ \boldsymbol{\Gamma}_e = -D_e \nabla n_e - \mu_e n_e \boldsymbol{E} \\ \boldsymbol{\Gamma}_a = -D_a \nabla n_a - \mu_a n_a \boldsymbol{E} \end{cases} \tag{5.30}$$

在表 5.4 中，下标 r、z 分别代表矢量在径向和轴向的分量。进行数值上的验证，本模型计算得到在 1200 kV 的电压幅值下的火焰电流值为 0.39 μA，十分接近实验中测量的结果(0.32±0.01) μA。

表 5.4 模型应用的边界条件

	喷嘴，$z=0$	滞止板，$z=L$	中心线，$r=0$	出口，$r=R$
正离子	$\Gamma_{c,z}(0,r) = \min(E_z\mu_c e n_c, 0)$	$\Gamma_{c,z}(0,r) = \max(E_z\mu_c e n_c, 0)$	$\frac{\partial \Gamma_{c,r}(z,0)}{\partial r}=0$	$\frac{\partial \Gamma_{c,r}(z,R)}{\partial r}=0$
电子	$\Gamma_{e,z}(0,r) = \min(-E_z\mu_e e n_e, 0)$	$\Gamma_{c,z}(0,r) = \max(-E_z\mu_c e n_c, 0)$	$\frac{\partial \Gamma_{c,r}(z,0)}{\partial r}=0$	$\frac{\partial \Gamma_{c,r}(z,R)}{\partial r}=0$
负离子	$\Gamma_{a,z}(0,r) = \min(-E_z\mu_a e n_a, 0)$	$\Gamma_{a,z}(0,r) = \max(-E_z\mu_a e n_a, 0)$	$\frac{\partial \Gamma_{c,r}(z,0)}{\partial r}=0$	$\frac{\partial \Gamma_{c,r}(z,R)}{\partial r}=0$
电场	$V(0,r)=0$	$V(L,r)=V_0$	$\frac{\partial V(z,0)}{\partial r}=0$	$\frac{\partial V(z,R)}{\partial r}=0$

5.3.2.3　直流电压下火焰的电动力学不稳定特性

如前文所述，在火焰中加入电场可以驱动火焰场中正负电荷的迁移，这种迁移同时造成火焰对电学响应和流体动力学响应。本研究首先在稳态下观测火焰的两种响应。

图 5.16 展示了不同直流电压下，滞止火焰的电流响应，其中实线、虚线和点线分别代表正弦电压变化的 3 个周期。当施加的电压周期为 100 s 时，最大电压变化率$|dU/dt|=86.4$ V/s，此时电流-电压曲线分别由黑色线和蓝色线表示。当施加的电压周期为 200 s 时，最大$|dU/dt|=43.2$ V/s，此时电流-电压曲线由红色线和绿色线表示。图 5.16 中一共显示了三次重复加载电压的结果，可以看到火焰的电流响应在不同电压变化率下都保持一致的变化规律，即表明火焰在近平面结构和锥型结构之间的转化(flat-to-conic transition，F-C 和 conic-to-flat transition，C-F)是可重复的且并不依赖施加电压的增加速率。*a*-*h* 电压下 CH^* 在 431 nm 波长下的火焰化学荧光图像如图 5.17 所示。

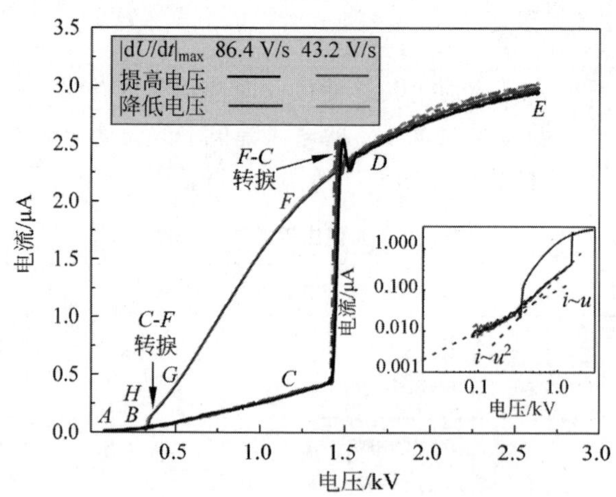

图 5.16　在外加电压作用下，滞止火焰的电流响应(见文前彩图)

插图表示是相同电流-电压曲线的双对数坐标曲线；

紫色虚线表示拟合的正比趋势线和二次型趋势线

当施加电压幅值小于 0.3 kV 时，净电荷密度太小而不能影响外部电场，电流与电压一直维持正比例关系，如图 5.16 中插图的 *I*-*U* 双对数坐标

图所示。在此区域内，正、负电荷的复合过程与化学电离过程相平衡。随着电压升高，当大于0.3 kV时，电流-电压曲线由线性区过渡到二次方曲线区，线性关系被破坏，这表明火焰处于空间电荷区，此时净电荷密度几乎正比于施加电场的强度，即$n_{nc} \propto \boldsymbol{E}$，而电流密度则满足$\|\boldsymbol{j}\| \propto n_{nc} e\mu \|\boldsymbol{E}\|$(其中$n_{nc}$是净电荷，$\mu$是离子迁移率，$\| \ \|$表示对矢量取模)。对于以上两个电流响应区间，火焰的电流响应与先前的理论、模拟研究十分吻合，这是因为火焰面几乎维持不变，符合之前研究的基本假设(如图5.17中对应的火焰图像$A \sim C$所示)[140-141]。

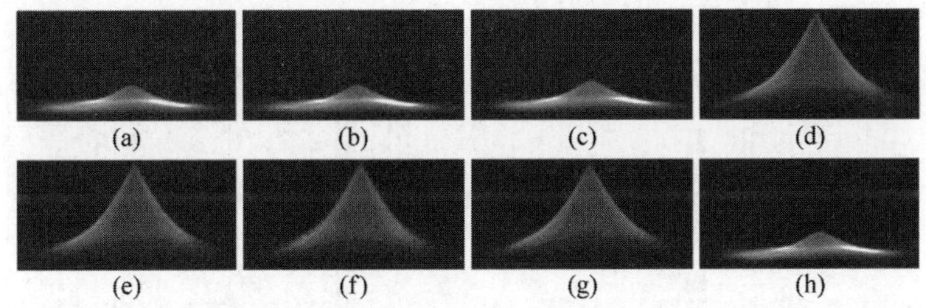

图5.17　对应图5.16中电流-电压曲线上$A \sim H$点电压下的火焰化学发光图像(见文前彩图)

(a) A点电压；(b) B点电压；(c) C点电压；(d) D点电压；
(e) E点电压；(f) F点电压；(g) G点电压；(h) H点电压
图像为伪彩图，颜色表明火焰化学发光在431 nm的辐射强度

然而，随着电压继续增加，经典的电流-电压理论不再成立。电流在1.5 kV幅值临界电压时发生突变，伴随着火焰从近平面结构到锥形结构的转变。图5.17中的火焰化学荧光图像((d)～(g))表明锥形火焰结构是稳定的并不依赖电压变化。火焰的电流响应则完全过渡到另一条电流-电压曲线上，与低电压的电流-电压曲线完全不重合。随着电压增加，火焰的电流响应趋于平稳，表明其更加接近饱和区[140]。当电压减小至另一个转变点时，火焰从锥形结构转变回近平面结构，与此同时，电流也恢复到原来的电流值。值得注意的是，火焰从近平面结构向锥形结构转捩(flat-conic transition，$F \sim C$ transition)与从锥形结构到近平面结构转捩(conic-flat transition，$C \sim F$ transition)并不重合，这种迟滞现象已经在很多系统状态转换中被广泛观测到[251]，也同样暗示了电场与火焰相互作用是一个非线性系统。

为了更好地解释这一转换现象，在不同电压下用粒子图像测速技术测

量了火焰流场，如图 5.18 所示。当电场不存在时，由于热膨胀效应，速度在火焰面位置发生了陡升，然后在到达滞止板之前回归到滞止理想势流模式(stagnation divergence flow pattern)。电压幅值为 1.2 kV 时的速度分布与电压为 0 kV 时的速度分布相似。具体而言，两个流场在焰前的中心区域流速都较低。主要区别是在电场作用下，低速区向喷嘴位置即火焰面上游发生轻微移动。此外，值得注意的是，低速区域的速度大小与局部火焰速度相当，在不同电压下几乎保持不变。因此，在当前的无击穿电场作用下，其调控火焰面结构的机理是改变上游流场而不是直接改变火焰传播速度，这与以前的一些研究结论一致[48,237]。

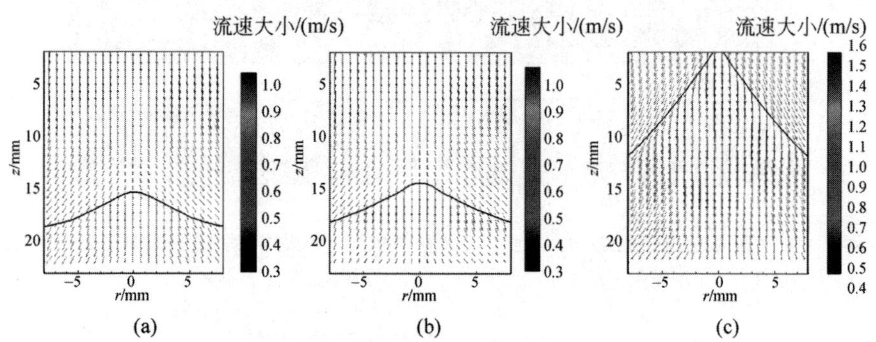

图 5.18　在电压为 0 kV、1.2 kV 和 1.65 kV 时根据图像粒子测速得到的流场(见文前彩图)

(a) $U=0$ kV; (b) $U=1.2$ kV; (c) $U=1.65$ kV

图中火焰的化学荧光辐射得到的火焰面形状由黑色线表示

本书进一步对这种近平面的火焰面结构中电荷迁移规律进行了直接数值模拟，结果如图 5.19(a)所示。可以注意到，该火焰等离子体在直流电场作用下会产生一个不均匀的电流密度，该电流密度的传导过程沿着火焰面进行，并在火焰面前端位置达到最大，这与交流电场中观察得到的电流密度规律相同。基于这样的电流密度分布，体积力在电流密度垂直火焰面的位置达到最大，数值约为 19.3 N/m^3，而在火焰面内部，即火焰等离子体内部，电流密度反而为 0，这与火焰的电学响应密切相关，将在 5.3.2.4 节中详细讨论。

在火焰发生近平面向锥形结构的转换过程之后，火焰中的流场分布发生显著改变。根据经典燃烧理论，垂直火焰峰面的速度分量增加至$(\rho_u/\rho_b)\cdot$

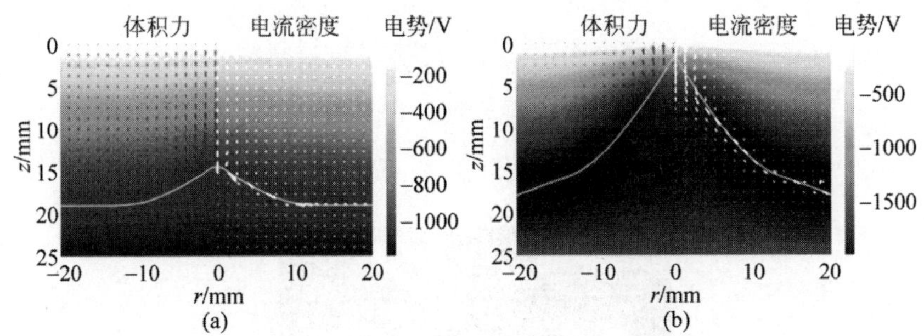

图 5.19　对近平面的火焰面结构中电荷迁移规律进行直接数值模拟的结果(见文前彩图)

(a) 电压为 1.2 kV；(b) 电压为 1.65 kV

左半部分为电场导致的体积力，右半部分为电流密度，箭头的长度与矢量的幅值大小成比例；图中白色曲线表示由火焰化学荧光辐射得到的火焰面形状

s_L，然而切向速度分量保持常数(其中 ρ_u 为未燃气体密度，ρ_b 为已燃气体密度，s_L 为火焰传播速度)。如图 5.18(c)所示，大倾角火焰面引起了较大的切向速度，最终导致火焰面下游产生较大的速度幅值。

对于这种锥形火焰面结构，其电流密度同样沿着倾斜的火焰面传导，由于火焰面倾角较大，与无火焰时的电场方向更加接近，因此产生的电流密度幅值也更大。在这个模式中，电场体积力同样在火焰面前的尖部区域达到最大，数值高达 770 N/m^3，这几乎是近平面模式的 40 倍。该体积力使上游流动速度降到火焰传播速度，因此火焰在电场下的电学响应强烈依赖当前火焰结构。如果将火焰作为一个系统来研究，则它的电学响应取决于当前系统状态，而不仅仅取决于外部扰动。这也就解释了为何在增加/降低电压下，火焰结构转捩存在明显的分叉稳定模式。在相同的电压幅值下，近平面结构的火焰面电场力较小，而锥形结构的火焰面电场力较大，因此近平面火焰结构发生转捩需要更高的电压，而锥形火焰面则可以在较低的电压下维持稳定。

当进一步增加电压时，火焰面存在更为复杂的分叉结构。火焰面会随机发生双峰和三峰分布的火焰结构，但其稳定性都不如单峰。用三维重构技术对这两种特征结构进行了重构，如图 5.20 和图 5.21 所示，其机理与单峰火焰面相似，均由不均匀的火焰面与电场相互作用导致。

这里重点研究单峰分布的情景。已知火焰面的稳态响应后，进一步研

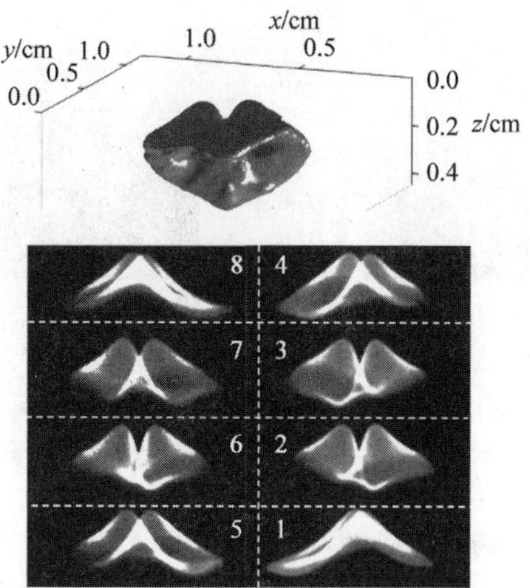

图 5.20　双峰分布的三维火焰结构(见文前彩图)

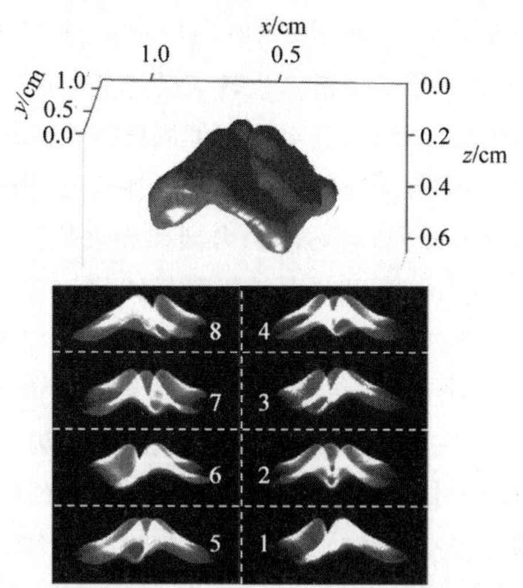

图 5.21　三峰分布的三维火焰结构(见文前彩图)

究火焰面由近平面结构向锥形结构转换的过程动态特性。图 5.22 描述了在 0.5 s 内,一个典型的从近平面向锥形结构转变过程中的火焰面变化以及相应的电流瞬态响应。在 0～220 ms 时,火焰稳定在近平面模式,在约 260 ms 之后,火焰就以锥形结构稳定。在各自稳定的模态下,电流均维持不变。如图 5.23 中火焰的化学荧光辐射所示,在 40 ms 的转换过程中,火焰面的小褶皱慢慢倾斜并迅速发展成为锥形火焰结构，按照位置 s_1～位置 s_{12} 显示的火焰面形状所示，火焰面在达到圆锥结构之前发生剧烈扰动。电流伴随着不稳定火焰面强烈振荡。电流和火焰锋之间的同步证实了电响应对火焰面形状具有强烈依赖性。

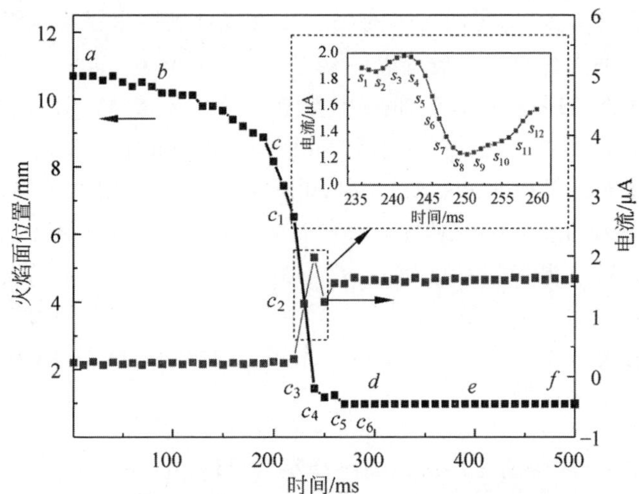

图 5.22　火焰动态变化过程中的尖端位置与电流变化

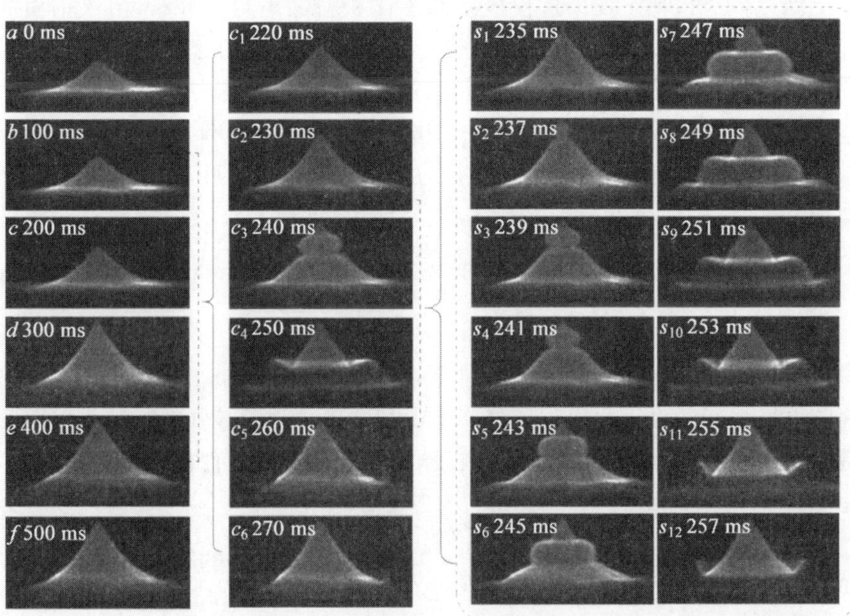

图 5.23　火焰稳定点动态转捩过程中的化学荧光辐射图像(见文前彩图)

注意到火焰面在中心的位置在 20 ms 内从 c_1 位置处的 6.527 mm 过渡到 c_3 位置处的 1.436 mm，大约对应 0.255 m/s 的火焰面传播速度。而粒子图像测速得到焰前流速为(0.3±0.07) m/s，CHEMKIN 软件计算得到的火焰速度为 0.259 m/s。注意到火焰速度和转捩过程中火焰面的传播速度基本保持一致，这说明火焰的快速转捩过程实际上是当未燃气体流速减小到零时的火焰自由传播过程。

更为重要的是，由于施加的电压在 $c_1 \sim c_3$ 的 40 ms 内增加不到 1.6 V，所以这个过渡过程可以看作一个自发进行的过程。这个自发过程必定由一个正反馈机制来触发。当火焰面逐渐倾斜并向上游移动时，流体惯性和电场力同时增加。这两个因素对火焰稳定性起着截然相反的作用，所以触发自发过程的临界点是电场力的增长速度超过流体惯性的增长速度。如果能够满足这个条件，那么火焰等离子体产生的电场力就足以降低局部流速并将气相火焰面拉向上游。火焰锋面倾斜得越多，电场力就越大，从而形成一个正反馈回路。

5.3.2.4 火焰的电动流体力不稳定性机理

在交流和直流电场下，火焰面形状与其电流响应之间都发生了明显的正反馈过程。这种正反馈过程最初源于体积力的不均匀分布，由火焰面的静电屏蔽效应引发。如 5.2.4 节所述，火焰等离子体的德拜长度远小于火焰面厚度，因此火焰面是一个准中性的等电势面，如图 5.19 中的电势分布所示。在外部电场下，电荷倾向在等电位平面中重新分布，以使其电势能最小化，直到各个部分之间没有电位差为止。而在火焰面外部，电场强度逐渐增加，该区域内的净电荷也逐渐累积。Drews 等在一维火焰面假设的条件下，提出了一个针对电场体积力压降表达式：

$$\Delta p_E = \frac{1}{2}\varepsilon_0 E_0^2 \tag{5.31}$$

但是，当火焰面本身变为复杂曲面，不再严格垂直于外部电场时，就在火焰面与电极之间的最近距离位置处产生电场强度并达到最强。如果火焰面的褶皱在电场方向上具有 δ 的长度尺度，则局部电场可近似地表示为

$$E_z = E_0 \frac{z_0}{z_0 - \delta} \tag{5.32}$$

而电场体积力产生的压力差可以表示为

$$\Delta p_E = \frac{1}{2}\varepsilon_0 E_0^2 \frac{z_0^2}{(z_0-\delta)^2} \tag{5.33}$$

其中，E_0 是没有火焰褶皱的原始电场；z_0 是无起皱位置的火焰面到电极之间的距离。结果，靠近电极的火焰面褶皱承受较大的电场力，导致火焰具有不均匀的流体动力学响应。

在具备不均匀流体动力学响应这一初始条件后，火焰发生电动流体动力学不稳定性还需要满足两个必要条件。首先，电场体积力的增长率需要等于或大于流体惯性的增长率。为了证明这一条件，本书比较了火焰在发生转捩过程(近平面向锥形转捩)时电场体积力压降和流体惯性的增长率。

电场体积力压降可以通过模拟得到。在相同的转变电压下，利用不同的火焰结构可以获得体积力的分布。然后对中心线位置的体积力积分，得到电场体积力压降：

$$\Delta p_E = \int f_z \mathrm{d}z \tag{5.34}$$

其中，f_z 是体积力的轴向分量。图 5.24 中方块给出了电场体积力的模拟值，并可以依据式(5.33)中二次多项式函数的倒数进行拟合，如图中实线所示。

流体惯性可以通过流体惯性压力来估算[252]：

$$p_V = \rho_u v^2 \tag{5.35}$$

其中，ρ_u 是未燃气体密度；v 是不包括电场力效应的未燃气体流速。这里的气体流速是通过在 $U=0$ kV 下测得的气体流速分布来估计的，这一数值既可以根据粒子图像测速求得，也可以根据滞止流动中的流速进行误差函数的拟合[253]：

$$v = v_0 \operatorname{erf}\left[a\left(\frac{L_0 - z}{L_0} - \frac{\delta}{L_0}\right)\right] \tag{5.36}$$

其中，v_0 是入口速度；a 是流体应变率；而 L_0、z 和 δ 如图 5.13 中所定义。流体惯性压力 p_V 服从误差函数的平方。图 5.24 中三角点和点画线分别给出实验结果和模拟结果。

随着火焰锋面向上游移动，电场体积力压降与流体动压同时增加。应该注意的是，电场引起的流体压差的增长率连续增加，而流体动压的增长率则降低。因此存在一个临界位置，在此位置处电场引起的流体压差的增长率超过流体动压的增长率。

在满足第一个条件后，电场导致的流体压差加速增加，最终超过火焰在

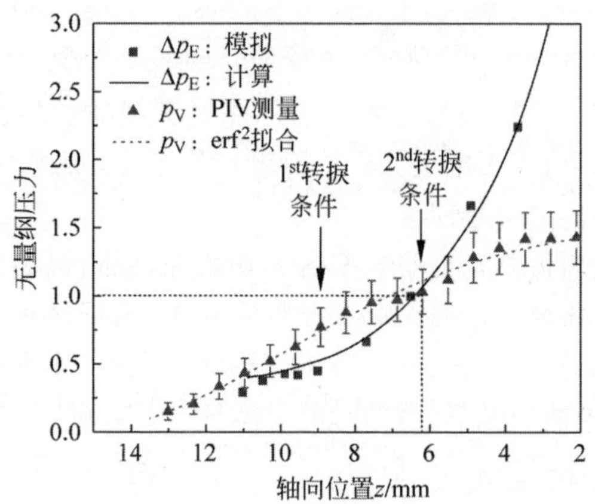

图 5.24　在火焰面从近平面向锥形结构火焰的转捩过程中的电场体积力引发的压力差(三角形)以及流体惯性压力(方块)

回火位置处的流体惯性,即第二必要条件。为了进一步验证第二个必要条件,这里测量了不同入口速度下临界转捩电流。由于电流近似与体积力成正比,所以也就需要更大的电场体积力的压降来满足转捩条件。如图 5.25 所示,临界转捩电流与入口流速的平方成正比,这也进一步证实了第二必要条件。

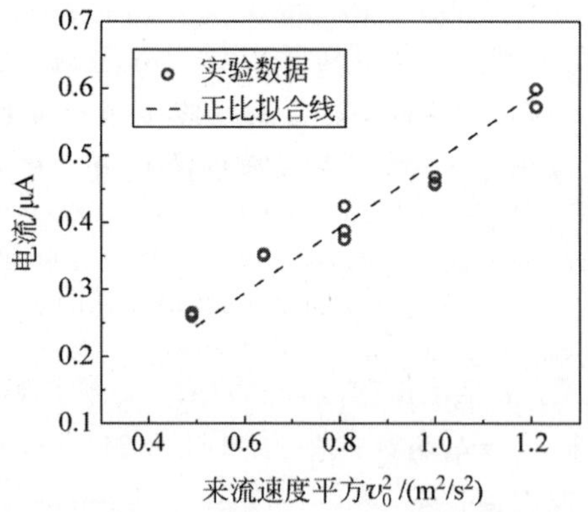

图 5.25　不同入口流速下测量得到的近平面向锥形火焰转变位置的临界电流

基于以上实验、模拟以及理论分析,火焰的电动流体动力不稳定性发生于火焰在两种不同的稳定模式之间转变的过程中。在没有电场的情况下,通过滞止流场可以产生近壁面稳定模式,而靠喷嘴电极附近的电场体积力可以产生锥形结构的火焰稳定模型。在电场的作用下，满足上述两个条件后，火焰将不可能继续维持稳定。基于以上分析，此处提出了两种方案来降低其他电场或等离子体辅助燃烧系统中的火焰电动流体力不稳定性。

(1) 增加火焰和电极之间的距离，可以避免电场体积力压降对火焰面褶皱的强依赖性，如在本研究所进行的实验中，可以增加火焰面到电极之间的距离 z_0，电场体积力产生的压降不均匀性就会显著地不依赖火焰面褶皱尺度 δ。

(2) 从另一个角度考虑，就是直接将火焰稳定在电极附近，这样可以阻止火焰向其他模式发生转捩。

5.4 本章小结

针对复杂火焰场中的气相-等离子体环节，本章以燃烧调控为背景，主要探讨了外加电场通过火焰等离子体的输运过程对燃烧稳定性的改变。提出了以电场引发脉动来抵消初始的火焰场中压力脉动这一方案。在一个滞止火焰场中，成功用交流电场主动诱导产生了火焰热声振荡现象，由此发现了火焰在电场作用下的复杂动力学行为，并阐明其源于一种全新的电动流体力火焰不稳定性。具体内容和主要结论如下。

(1) 提出了以电场引发燃烧脉动来抵消初始的火焰场中压力脉动这一方法，为非稳态燃烧的主动控制提供了一种可能的途径。在一个简单的交流电场下，成功诱导产生了火焰的热声振荡。在交流电场的作用下，火焰可以从平板模式转捩到包络状模式，并发生强烈的声波振荡。该声波由交流电振荡基频与相应的谐波频率构成，其声压级高达 65～70 dB。建立了考虑体积力的小扰动压力脉动的理论模型，并在远场条件下进行了公式求解。结果表明，热声振荡由电场扰动引起的非稳态燃烧控制，而不受等离子体产生体积力脉动的影响。

(2) 不稳定的放热率归因于火焰面与电场之间的复杂相互作用。根据化学荧光重构的结果，火焰面的脉动主要发生在高曲率位置。简化的电流模型分析表明，复杂的火焰面结构可以引起非均匀的电流密度，而不稳定的火焰反应又可以反过来影响火焰的电流响应。燃烧的电流响应、电场体积力、火焰面形状之间建立的自循环过程引起火焰场在电场下的复杂动力学行为。

(3) 这种由电学响应和火焰动力学响应构成的自循环过程，在一定条件下还可以形成正反馈，引发火焰不稳定。通过一个直流电压下的预混滞止火焰，本研究发现了一种全新的电动流体动力火焰不稳定性现象。当施加的电压幅值超过 1.5 kV 时，火焰面突然从近平面结构转捩为锥形结构，电流响应也随之发生跳跃。电场体积力在火焰曲面上游分布并不均匀，这扩大了来流的低速区域并将火焰面拉向上游。对火焰等离子体的德拜长度进行的理论分析表明，体积力的不均匀性源自火焰面的静电屏蔽效应。因此局部电场和空间电荷密度在最靠近电极的火焰凸起位置达到最大。火焰的电流响应与流体动力学响应相结合，进一步触发火焰面的电动流体动力学不稳定性。高速摄像机和粒子图像测速结果都显示，在转捩瞬间，流速降至零，火焰发生回火，以火焰传播速度向回运动至喷嘴位置，这也表明电场体积力产生的压力差和流体惯性之间存在瞬态平衡过程。这种火焰转捩现象是由一个正反馈回路驱动的：增加的电场体积力将火焰向上游拉动，改变的火焰面又反过来增强了当地的电场力。触发正反馈的两个必要条件是：①电场下的体积力增长率超过流体动力的增长率；②电场下体积力可产生的压降能够平衡来流的流体惯性。

第6章 结　论

6.1 主要结论与创新点

结合气相合成、火焰调控等实际应用所涉及的复杂火焰场，本书重点探讨了气相、凝聚态相(颗粒或壁面)、等离子体相这三种相态在火焰场中的相互作用与转化机制，发展了相应的在线光学诊断方法，进而对复杂火焰场调控机制开展了系统研究。具体地讲，本书在气相-颗粒相环节，揭示了火焰合成系统中气相与颗粒相在湍流和掺杂过程中的相互作用规律及转化机制；在气相-壁面环节，通过在线光学方法解析了滞止平面火焰的结构变化，并分析了壁面对纳米颗粒长大与输运的调控机理；在气相-等离子体相环节，针对等离子体调控下的火焰稳定性，发现并阐明了电致火焰热声振荡和电动流体力火焰不稳定性的机理。本研究主要结论和创新点总结如下。

6.1.1 复杂火焰场在线光学诊断方法研究

基于现有光学诊断方法对气相、凝聚态相和等离子体相等多相共存的复杂火焰场测量的局限性，重点开展了在线光学诊断研发并形成了如下新的方法。

(1) 研究揭示了相选择性激光诱导击穿光谱的内在吸收-烧融-激发机制，并将其发展为一种针对复杂火焰场中气相-颗粒环节的在线激光诊断技术。纳米颗粒因激光烧融而形成了一种独特的纳米等离子体结构。该烧融过程源自晶格中电子的动力学行为，由福克-普朗克方程描述。类比反应输运方程，提出了能量空间的无量纲 Sr_{E}、Pe_{E}、Da_{E} 数，并发现电子的对流过程即与晶格碰撞主导了其输运过程。因此，纳米等离子体产生过程可归结为多光子吸收、电子进入晶格导带作为能量传递的媒介、纳米颗粒烧融并形成纳米等离子体、电子碰撞激发等一系列过程。基于上述物理机理分析，进一步将该光谱发展为一种成熟的针对复杂火焰场的在线光学诊断方法。当 TiO_2 纳米颗粒平均粒径超过 6～8 nm 后，能带宽度不再依赖粒径，信号强度正比于颗粒相体积分数。利用纳米等离子体的空间分散性，将这个光谱方法发展成为一个二维诊断方法，可以追踪气相向颗粒相转化的过程并定量测量颗粒体积分数的二维分布。

(2) 面对气相-壁面环节中近壁区内测量的挑战，研究了基于波长调制的吸收光谱，并提出了光束被遮挡下近壁区测量的新方法。该吸收光谱诊断方法首先在预混平焰燃烧器上得到了验证，并在壁面遮挡激光束的情况下进行了校验。确认波长调制得到的 $WMS_{2f/1f}$ 信号与激光强度无关，可以用于近壁面内温度组分信息的测量。

(3) 在气相-等离子体环节，火焰的化学荧光辐射与火焰等离子体的化学电离过程均由 CH^* 自由基 $A^2\Delta$ 和 $B^2\Sigma^-$ 激发态与其他组分碰撞过程控制，因而可以通过火焰的化学荧光辐射来表现化学电离过程。针对轴对称和非轴对称的火焰化学荧光辐射，提出了两种重构方案。利用轴对称火焰的空间对称性，以逆阿贝尔变换重构出对称面上的火焰面形状并进一步得到了其轮廓曲线。对于非轴对称的三维火焰面，以线性投影假设为基础，构造的点传播函数可以将光学投影表示为一个矩阵乘积的计算过程，基于代数重构算法进行迭代重构，并在预混平面滞止火焰上成功得到验证。

6.1.2 火焰合成中气相向颗粒相转化与作用研究

气相-颗粒相环节探讨了气相火焰合成系统中气相与颗粒相的相互作用规律及转化机制。考虑到湍流火焰合成和多元素掺杂合成是实际工业的重大需求，重点研究了这两个过程，形成了以下主要创新结论。

(1) 在一个射流扩散火焰合成 V_2O_5 纳米颗粒的湍流反应器中，本研究首次实现了对瞬态颗粒体积分数分布的在线二维测量。结果显示合成颗粒由于气体热膨胀效应在扩散火焰面附近发生明显的聚集效应。本征正交分解进一步分析表明，颗粒体积分数的脉动源于上游的不稳定火焰面和下游的大尺度湍流掺混效应。提高雷诺数后颗粒聚集区明显增厚且峰值衰减，这是由更强脉动的燃烧反应面以及更剧烈的湍流掺混引起的。

(2) 针对掺杂火焰合成中多元素多相态复杂环境，利用相选择性激光诱导击穿光谱的相选择特性和元素分辨特性，揭示了 V-Ti 氧化物纳米颗粒的生成过程和掺杂机理。通过比较掺杂合成和单元素合成过程中的信号强度，发现 Ti 几乎不影响 V 的信号，而 V 却明显增强了 Ti 信号，因为 V 掺杂的 TiO_2 可以显著提高 TiO_2 能带宽度使其具有更低的能带。掺杂引发的信号增强效应在燃烧器出口发生，直接表明 V-Ti 氧化物的颗粒掺杂由碰撞和混合过程控制。位于饱和区的 V-Ti 信号比值可以直接反映原位上颗粒相 V 和 Ti 元素的掺杂比例。

6.1.3　壁面调控下的滞止火焰合成机理研究

在气相-壁面环节，考虑到壁面在火焰合成调控上的重要意义，本书重点开展了滞止火焰合成的研究。以近壁面光学测量为基础阐明了壁面对火焰结构及稳定性的影响，并结合相选择性激光诱导击穿光谱揭示了壁面调控纳米颗粒形成与输运的作用机制。主要内容和结论如下。

(1) 搭建了一个滞止平面预混火焰系统，初始流场由平推流过渡到理想势流，燃烧过程的存在使该势流形成了一个位置不同于壁面的虚拟滞止点。在势流的轴向流速降至火焰传播速度时，发生燃烧过程，轴向流速因温度升高、密度降低发生巨大跃升。在火焰面位置，流场再次回归到势流，直到接近近壁面位置时流场因黏性效应形成滞止流动边界层。基于波长调制吸收光谱，测量了火焰在不同热流密度下的淬灭极限，其临界点出现在气相化学反应时间尺度和凝聚相壁面造成的拉伸率相匹配，即局部 Karlovitz 数为 1 时。壁面通过淬灭自由基和高热流损失增加气相化学反应时间，进而影响滞止火焰稳定性。

(2) 在滞止平面火焰的稳定区间内，群平衡模拟和二维相选择性激光诱导击穿光谱共同揭示了壁面对火焰合成纳米颗粒的调控作用。低温水冷壁面可以使颗粒从聚并向聚集的转捩提前，初始纳米颗粒粒径因此降至 7～8 nm。在线光学诊断得到的近壁区颗粒相体积分数分布与数值模拟吻合较好，二者均表明颗粒相体积分数在火焰面后的理想势流区域几乎保持不变，直到在近壁面区域因气体热膨胀而达到最大值，随后在一个 200 μm 的浓度边界层内迅速衰减至 0。在主流区颗粒对流过程占据主导，而在近壁面的边界层区域，颗粒的热泳和扩散效应才凸显，近壁区的热泳效应对纳米颗粒沉积起到了决定性作用。降低壁面温度可以提高热泳速度并促进颗粒在近边界的聚集效应，显著减少颗粒浓度边界层厚度并增加颗粒在边界层外的浓度。增加前驱物进给量则会直接提高纳米颗粒粒径，导致颗粒的扩散系数增加，进而扩大颗粒浓度边界层厚度。

6.1.4　电场调控火焰稳定性研究

在气相-等离子体环节，考虑到在电场调控火焰合成、电场和等离子体助燃等实际应用中等离子体的输运效应对气相火焰的影响十分复杂，特别是等离子体与气相双向耦合作用未被充分考虑，本书重点开展了火焰等离子体在电场输运下对燃烧稳定性的调控机制研究，形成了以下创新结论。

(1) 提出了以电场引发燃烧脉动来抵消初始的火焰场中压力脉动这一方法，为非稳态燃烧的主动控制提供了一种可能的途径。在一个简单的交流电场中，当火焰可以从平板模式转捩到包络状模式时，主动诱导产生了声压级高达 65～70 dB 的热声振荡。该热声振荡由交流电压基频与相应的谐波频率构成。研究建立了考虑体积力的小扰动压力脉动的理论模型，并在远场条件下进行了理论求解。热声振荡由电场扰动引起的非稳态燃烧控制，而不受等离子体产生体积力脉动的影响。

(2) 不稳定的放热率归因于火焰面与电场之间的复杂相互作用。根据化学荧光重构的结果，火焰面的脉动主要发生在高曲率位置。简化的电流密度模型分析表明，复杂的火焰面结构可以引起非均匀的电流密度，而不稳定的火焰反应又可以反过来影响火焰的电流响应。燃烧的电流响应、电场体积力、火焰面形状之间建立的自循环过程引起火场在电场下的复杂动力学行为。

(3) 这种自循环过程下的复杂动力学行为在一定条件下可以引发火焰不稳定。通过一个直流电压下的预混滞止火焰，揭示出一种全新的电动流体动力火焰不稳定性。当施加的电压幅值超过 1.5 kV 时，火焰面突然从近平面结构转捩为锥形结构，电流响应也随之发生跳跃。电场体积力在火焰弯曲面上游分布并不均匀，这扩大了来流的低速区域并将火焰面拉向上游。火焰等离子体的德拜长度远小于火焰厚度，火焰近似一个中性等离子体，电场体积力的不均匀性源自火焰面的静电屏蔽效应。因此，局部电场和空间净电荷密度在最靠近电极的火焰褶皱位置达到最大。火焰的电流响应与流体动力学响应相结合，进一步触发火焰面的电动流体动力不稳定性。在转捩瞬间，流速降至零，火焰凸起位置以火焰传播速度向回传播到喷嘴位置，表明电场体积力产生的压力差和流体惯性之间在转捩瞬间存在瞬态平衡过程。这种火焰转捩现象由一个正反馈回路驱动：增加的电场体积力将火焰向上游拉动，改变的火焰面又反过来增强了当地的电场力。触发正反馈的两个必要条件是：①电场下的体积力增长率超过流体动压力的增长率；②电场下体积力可产生的压降能够平衡流体惯性。

6.2　建议与展望

本研究基于气相合成的复杂火焰场在线光学诊断与调控过程。由于其多相态转化和相互作用的复杂性，针对一般性复杂火焰的研究仍然极不完善。本书基于气相火焰合成及其调控，开发了若干个在线光学诊断方法，研究了多相转化和作用中的几个关键性问题，得到了一些重要结论，但考虑到这个方向在国际燃烧界也才是一个新的开始，因此这距离透彻地解析全部复杂火焰场问题尚有较长的距离。对未来工作的主要建议和展望如下。

(1) 本书主要针对的是气-固-等离子体三相系统，但尚未涉及液相。事实上，在喷雾燃烧、液相进给火焰合成等物理过程中，液滴向颗粒或液滴向气体的转化作用十分重要，直接决定燃烧效率或合成颗粒形貌，但其机理仍然没有得到清晰明确的研究。因此，本书的一个直接的拓展研究就是将对象扩展到液相。

(2) 本书揭示的相选择性激光诱导击穿光谱源于一种全新的"吸收-烧融-激发"机理，并产生了独特的纳米等离子体群。虽然有了一定的理论研究，但是该纳米等离子体的电离、复合、淬灭过程均为全新的物理过程，与传统的微米、毫米以及更宏观的等离子体截然不同，其时空过程仍然没有被清晰揭示。可以考虑利用双激光脉冲的触发方式，用一束激光来产生纳米等离子体，而用另一束激光激发特征原子、离子，以探索这种纳米等离子体的电子能量分布及其时空演化过程。

(3) 在研究电场调控火焰合成过程时，发现了一种全新的电动流体力火焰不稳定性。这种不稳定性源于电离面在空间上的不均匀性，并通过等离子体与气体的相互作用发生迭代。这是一个有趣的过程，不同于其他燃烧反应由对流、扩散和反应主导不稳定性，它是由电迁移过程驱动引发的不稳定性，但对这一问题尚有不清晰的地方，例如，在实验中发现电子和离子诱导下的火焰面行为有显著不同，不同的电迁移系数可能是促使电动流体力稳定性的另一个重要条件。此外，这一不稳定性直接说明等离子体与气相火焰是不可割裂的一个整体，在等离子体助燃过程中，必须考虑火焰面作为这一初始电离面的作用。

(4) 研究对于除了火焰合成外的其他复杂火焰场体系在物理机理和方法学上极具借鉴价值，建议能够进一步结合在线光学方法和物理机理，将其应用到其他复杂火焰场领域，如煤燃烧污染物生成、等离子体助燃、等离子体合成、催化燃烧等过程中。

参考文献

[1] LI S, REN Y, BISWAS P, et al. Flame aerosol synthesis of nanostructured materials and functional devices: Processing, modeling, and diagnostics [J]. Progress in Energy and Combustion Science, 2016, 55: 1-59.

[2] TEOH W Y, AMAL R, Mädler L. Flame spray pyrolysis: An enabling technology for nanoparticles design and fabrication[J]. Nanoscale, 2010, 2(8): 1324-1347.

[3] PRATSINIS S E. Aerosol-based Technologies in Nanoscale Manufacturing: from Functional Materials to Devices through Core Chemical Engineering[J]. AIChE Journal, 2010, 56(12): 3028-3035.

[4] TOLMACHOFF E, MEMARZADEH S, WANG H. Nanoporous titania gas sensing films prepared in a premixed stagnation flame[J]. The Journal of Physical Chemistry C, 2011, 115(44): 21620-21628.

[5] NIU F, LI S, ZONG Y, et al. Catalytic behavior of flame-made Pd/TiO_2 nanoparticles in methane oxidation at low temperatures[J]. The Journal of Physical Chemistry C, 2014, 118(33): 19165-19171.

[6] ZONG Y, LI S, NIU F, et al. Direct synthesis of supported palladium catalysts for methane combustion by stagnation swirl flame[J]. Proceedings of the Combustion Institute, 2015, 35(2): 2249-2257.

[7] THYBO S, JENSEN S, JOHANSEN J, et al. Flame spray deposition of porous catalysts on surfaces and in microsystems[J]. Journal of Catalysis, 2004, 223(2): 271-277.

[8] CHIARELLO G L, SELLI E, FORNI L. Photocatalytic hydrogen production over flame spray pyrolysis-synthesised TiO_2 and Au/TiO_2 [J]. Applied Catalysis B: Environmental, 2008, 84(1-2): 332-339.

[9] STARK W J, BAIKER A, PRATSINIS S E. Nanoparticle opportunities: Pilot-scale flame synthesis of vanadia/titania catalysts[J]. Particle and Particle Systems Characterization, 2002, 19(5): 306-311.

[10] KAMMLER H K, PRATSINIS S E, MORRISON P W, et al. Flame temperature measurements during electrically assisted aerosol synthesis of nanoparticles[J]. Combustion and Flame, 2002, 128(4): 369-381.

[11] 李庚达. 煤粉燃烧细颗粒物生成、演化与沉积特性实验研究[D]. 北京: 清华大学, 2014.

[12] 卓建坤. 煤粉燃烧过程中亚微米颗粒形成机理的实验研究[D]. 北京: 清华大学, 2008.

[13] 张志昊. 生物质热转化过程中碱金属元素迁移机理研究[D]. 北京: 清华大学, 2014.

[14] DREIZLER A, BÖHM B. Advanced laser diagnostics for an improved understanding of premixed flame-wall interactions[J]. Proceedings of the Combustion Institute, 2015, 35(1): 37-64.

[15] MARUTA K. Micro and mesoscale combustion[J]. Proceedings of the Combustion Institute, 2011, 33(1): 125-150.

[16] MARUTA K, TAKEDA K, AHN J, et al. Extinction limits of catalytic combustion in microchannels[J]. Proceedings of the Combustion Institute, 2002, 29(1): 957-963.

[17] 宗毅晨. 钛基纳米功能材料的火焰合成与反应特性研究[D]. 北京: 清华大学, 2015.

[18] JU Y, SUN W. Plasma assisted combustion: Dynamics and chemistry[J]. Progress in Energy and Combustion Science, 2015, 48: 21-83.

[19] MAIMAN T H. Stimulated optical radiation in Ruby[J]. Nature, 1960, 187(4736): 493-494.

[20] FAROOQ A. Extended-nir laser diagnostics for gas sensing applications[D]. California: Stanford University, 2010.

[21] RIEKER G, JEFFRIES J, HANSON R. Calibration-free wavelength-modulation spectroscopy for measurements of gas temperature and concentration in harsh environments[J]. Applied Optics, 2009, 48(29): 5546-5560.

[22] SUN K, CHAO X, SUR R, et al. Analysis of calibration-free wavelength-scanned wavelength modulation spectroscopy for practical gas sensing using tunable diode lasers[J]. Measurement Science and Technology, 2013, 24(12): 125203.

[23] MA L, LI X, SANDERS S T, et al. 50-kHz-rate 2D imaging of temperature and H_2O concentration at the exhaust plane of a J85 engine using hyperspectral tomography[J]. Optics Express, 2013, 21(1): 1152-1162.

[24] ECKBRETH A C. Laser diagnostics of combustion temperature and species[M]. Boca. Rafon, Flordia: CRC Press, 1996.

[25] LIU X, SMITH M E, TSE S D. In situ Raman characterization of nanoparticle aerosols during flame synthesis[J]. Applied Physics B: Lasers and Optics, 2010, 100(3): 643-653.

[26] ZHANG Y, XIONG G, LI S, et al. Novel low-intensity phase-selective laser-induced breakdown spectroscopy of TiO_2 nanoparticle aerosols during flame synthesis[J]. Combustion and Flame, 2013, 160(3): 725-733.

[27] ALLENDORF M D, BAUTISTA J R, POTKAY E. Temperature measurements in a vapor axial deposition flame by spontaneous Raman spectroscopy[J]. Journal of Applied Physics, 1989, 66(10): 5046-5051.

[28] HWANG J Y, GIL Y S, KIM J I, et al. Measurements of temperature and OH radical distributions in a silica generating flame using CARS and PLIF[J]. Journal

of Aerosol Science, 2001, 32(5): 601-613.

[29] GLUMAC N G, CHEN Y J, SKANDAN G. Diagnostics and modeling of nanopowder synthesis in low pressure flames[J]. Journal of Materials Research, 1998, 13(9): 2572-2579.

[30] CHOI I, YIN Z, ADAMOVICH I V, et al. Hydroxyl radical kinetics in repetitively pulsed hydrogen-air nanosecond plasmas[J]. IEEE Transactions on Plasma Science, 2011, 39(12): 3288-3299.

[31] UDDI M, JIANG N, MINTUSOV E, et al. Atomic oxygen measurements in air and air/fuel nanosecond pulse discharges by two photon laser induced fluorescence[J]. Proceedings of the Combustion Institute, 2009, 32(1): 929-936.

[32] KIEFER J, EWART P. Laser diagnostics and minor species detection in combustion using resonant four-wave mixing [J]. Progress in Energy and Combustion Science, 2011, 37(5): 525-564.

[33] ZUZEEK Y, CHOI I, UDDI M, et al. Pure rotational CARS thermometry studies of low-temperature oxidation kinetics in air and ethene-air nanosecond pulse discharge plasmas[J]. Journal of Physics D: Applied Physics, 2010, 43(12): 124001

[34] BOHLIN A, MANN M, PATTERSON B D, et al. Development of two-beam femtosecond/picosecond one-dimensional rotational coherent anti-Stokes Raman spectroscopy: Time-resolved probing of flame wall interactions[J]. Proceedings of the Combustion Institute, 2015, 35(3): 3723-3730.

[35] MANN M, JAINSKI C, EULER M, et al. Transient flame-wall interactions: Experimental analysis using spectroscopic temperature and CO concentration measurements[J]. Combustion and Flame, 2014, 161(9): 2371-2386.

[36] ROETTGEN A M, SHKURENKOV I, ADAMOVICH I V, et al. Thomson Scattering Studies in He and He/H_2 Nanosecond Pulse Nonequilibrium Plasmas [C]. 52nd Aerospace Sciences Meeting, Maryland, 2014.

[37] YATOM S, TSKHAI S, KRASIK Y E. Electric field in a plasma channel in a high-pressure nanosecond discharge in hydrogen: A coherent anti-stokes Raman scattering study[J]. Physical Review Letters, 2013, 111(25): 1-5.

[38] LACOSTE D A, MOECK J P, ROBERTS W L, et al. Analysis of the step responses of laminar premixed flames to forcing by non-thermal plasma [J]. Proceedings of the Combustion Institute, 2017, 36(3): 4145-4153.

[39] GRAHAM S C, HOMER J B. Coagulation of molten lead aerosols[J]. Faraday Symposia of the Chemical Society, 1972, 7(3): 85-96.

[40] YANG G, BISWAS P. Study of the Sintering of nanosized titania agglomerates in flames using in situ light scattering measurements [J]. Aerosol Science and Technology, 1997, 27(5): 507-521.

[41] VELAZCO-ROA M, THENNADIL S N. Estimation of complex refractive index

of polydisperse particulate systems from multiple-scattered ultraviolet-visible-near-infrared measurements[J]. Applied Optics,2007,46(18): 3730-3735.

[42] MA L. Measurement of aerosol size distribution function using Mie scattering-Mathematical considerations [J]. Journal of Aerosol Science, 2007, 38 (11): 1150-1162.

[43] XING Y, KOYLU U, ROSNER D. In situ light-scattering measurements of morphologically evolving flame-synthesized oxide nanoaggregates [J]. Applied Optics,1999,38(12): 2686-2697.

[44] BERETTA F,CAVALIERE A,ALESSIO A D. Drop size and concentration in a spray by sideward laser light scattering measurements[J]. Combustion Science and Technology,1984,36(1-2): 19-37.

[45] KAMMLER H K,BEAUCAGE G,KOHLS D J,et al. Monitoring simultaneously the growth of nanoparticles and aggregates by in situ ultra-small-angle X-ray scattering[J]. Journal of Applied Physics,2005,97(5): 054309.

[46] CAMENZIND A,SCHULZ H,TELEKI A,et al. Nanostructure evolution: From aggregated to spherical SiO_2 particles made in diffusion flames[J]. European Journal of Inorganic Chemistry,2008,2008(6): 911-918.

[47] XIONG Y,CHA M S,CHUNG S H. AC electric field induced vortex in laminar coflow diffusion flames[J]. Proceedings of the Combustion Institute,2015,35(3): 3513-3520.

[48] KUHL J,SEEGER T,ZIGAN L,et al. On the effect of ionic wind on structure and temperature of laminar premixed flames influenced by electric fields[J]. Combustion and Flame,2017,176: 391-399.

[49] BERGTHORSON J M. Experiments and modeling of impinging jets and premixed hydrocarbon stagnation flames[D]. California: California Institute of Technology. 2005.

[50] SHADDIX C R, SMYTH K C. Laser-induced incandescence measurements of soot production in steady and flickering methane,propane,and ethylene diffusion flames[J]. Combustion and Flame,1996,107(4): 418-452.

[51] MICHELSEN H A, SCHULZ C, SMALLWOOD G J, et al. Laser-induced incandescence: Particulate diagnostics for combustion,atmospheric,and industrial applications[J]. Progress in Energy and Combustion Science,2015,51: 2-48.

[52] CIGNOLI F,BELLOMUNNO C,MAFFI S,et al. Laser-induced incandescence of titania nanoparticles synthesized in a flame[J]. Applied Physics B: Lasers and Optics,2009,96(4): 593-599.

[53] MAFFI S,CIGNOLI F,BELLOMUNNO C,et al. Spectral effects in laser induced incandescence application to flame-made titania nanoparticles[J]. Spectrochimica Acta Part B Atomic Spectroscopy,2008,63(2): 202-209.

[54] EREMIN A, GURENTSOV E, SCHULZ C. Influence of the bath gas on the condensation of supersaturated iron atom vapour at room temperature[J]. Journal of Physics D: Applied Physics, 2008, 41(5): 55203.

[55] SIPKENS T, JOSHI G, DAUN K J, et al. Sizing of molybdenum nanoparticles using time-resolved laser-induced incandescence[J]. Journal of Heat Transfer, 2013, 135(5): 52401.

[56] EREMIN A, GURENTSOV E, POPOVA E, et al. Size dependence of complex refractive index function of growing nanoparticles[J]. Applied Physics B: Lasers and Optics, 2011, 104(2): 285-295.

[57] STARKE R, KOCK B, ROTH P. Nano-particle sizing by laser-induced-incandescence (LII) in a shock wave reactor[J]. Shock Waves, 2003, 12(5): 351-360.

[58] FILIPPOV A V, MARKUS M W, ROTH P. In-situ characterization of ultrafine particles by laser-induced incandescence: sizing and particle structure determination [J]. Journal of Aerosol Science, 1999, 30(1): 71-87.

[59] 张易阳. 基于滞止火焰合成的高温场纳米颗粒动力学研究[D]. 北京:清华大学,2013.

[60] AMODEO T, DUTOUQUET C, TENEGAL F, et al. On-line monitoring of composite nanoparticles synthesized in a pre-industrial laser pyrolysis reactor using laser-induced breakdown spectroscopy[J]. Spectrochimica Acta Part B Atomic Spectroscopy, 2008, 63(10): 1183-1190.

[61] ENGEL S R, KOEGLER A F, GAO Y, et al. Gas phase temperature measurements in the liquid and particle regime of a flame spray pyrolysis process using O_2-based pure rotational coherent anti-Stokes Raman scattering[J]. Applied Optics, 2012, 51(25): 6063-6075.

[62] FORMENTI M, JUILLET F, MERIAUDEAU P, et al. Preparation in a hydrogen-oxygen flame of ultrafine metal oxide particles. Oxidative properties toward hydrocarbons in the presence of ultraviolet radiation[J]. Journal of Colloid and Interface Science, 1972, 39(1): 79-89.

[63] PRATSINIS S E, ZHU W, VEMURY S. The role of gas mixing in flame synthesis of titania powders[J]. Powder Technology, 1996, 86(1): 87-93.

[64] JOHANNESSEN T, PRATSINIS S E, LIVBJERG H. Computational analysis of coagulation and coalescence in the flame synthesis of titania particles[J]. Powder Technology, 2001, 118(3): 242-250.

[65] WEGNER K, PRATSINIS S E. Gas-phase synthesis of nanoparticles: Scale-up and design of flame reactors[J]. Powder Technology, 2005, 150(2): 117-122.

[66] LEONOV S B, ADAMOVICH I V, SOLOVIEV V R. Dynamics of near-surface electric discharges and mechanisms of their interaction with the airflow[J].

Plasma Sources Science and Technology,2016,25(6): 63001.

[67] PRUCKER S, MEIER W, STRICKER W. A flat flame burner as calibration source for combustion research: Temperatures and species concentrations of premixed H_2/air flames[J]. Review of Scientific Instruments,1994,65(9): 2908-2911.

[68] ULRICH G D,SUBRAMANIAN N S. Particle growth in flames Ⅲ. Coalescence as a rate-controlling process[J]. Combustion Science and Technology,1977,17(3-4): 119-126.

[69] ULRICH G D,MILNES B A,SUBRAMANIAN N S. Particle growth in flames II. experimental results for silica particles [J]. Combustion Science and Technology,1976,14(4-6): 243-249.

[70] LOH N D,HAMPTON C Y,MARTIN A V,et al. Erratum: Fractal morphology, imaging and mass spectrometry of single aerosol particles in flight[J]. Nature, 2012,489(7416): 460-460.

[71] HANCOCK R D,BERTAGNOLLI K E,LUCHT R P. Nitrogen and hydrogen CARS temperature measurements in a hydrogen/air flame using a near-adiabatic flat-flame burner[J]. Combustion and Flame,1997,109(3): 323-331.

[72] HARTUNG G,HULT J,KAMINSKI C F. A flat flame burner for the calibration of laser thermometry techniques[J]. Measurement Science and Technology,2006, 17(9): 2485-2493.

[73] RAO P M,ZHENG X. Rapid flame synthesis of dense aligned Fe_2O_3 nanoneedle arrays[J]. Nano Letter,2009,9(8): 3001-3009.

[74] CAI L,RAO P M,FENG Y,et al. Flame synthesis of 1-D complex metal oxide nanomaterials[J]. Proceedings of the Combustion Institute,2013,34(2): 2229-2236.

[75] XU F,LIU X,TSE S D. Synthesis of carbon nanotubes on metal alloy substrates with voltage bias in methane inverse diffusion flames[J]. Carbon,2006,44(3): 570-577.

[76] MEMON N K,XU F,SUN G,et al. Flame synthesis of carbon nanotubes and few-layer graphene on metal-oxide spinel powders[J]. Carbon,2013,63: 478-486.

[77] MEMON N K,TSE S D,AL-SHARAB J F,et al. Flame synthesis of graphene films in open environments[J]. Carbon,2011,49(15): 5064-5070.

[78] REN Y,LI S,ZHANG Y,et al. Absorption-ablation-excitation mechanism of laser-cluster interactions in a nanoaerosol system[J]. Physical Review Letters, 2015,114(9): 1-5.

[79] ZHANG Y,LI S,REN Y,et al. Two-dimensional imaging of gas-to-particle transition in flames by laser-induced nanoplasmas[J]. Applied Physics Letters, 2014,104(2).

[80] KATZ J L,HUNG C H. Ultrafine refractory particle formation in counterflow

diffusion flames [J]. Combustion Science and Technology, 1992, 82 (1-6): 169-183.

[81] ZACHARIAH M R, CHIN D, SEMERJIAN H G, et al. Dynamic light scattering and angular dissymmetry for the in situ measurement of silicon dioxide particle synthesis in flames[J]. Applied Optics, 1989, 28(3): 530-536.

[82] XING Y, KÖYLÜ ÜÖ, ROSNER D E. Synthesis and restructuring of inorganic nano-particles in counterflow diffusion flames[J]. Combustion and Flame, 1996, 107(1-2): 85-102.

[83] ZHANG Y, WANG Z, WU X, et al. In situ laser diagnostics of nanoparticle transport across stagnation plane in a counterflow flame[J]. Journal of Aerosol Science, 2017, 105: 145-150.

[84] SOKOLOWSKI M, SOKOLOWSKA A, MICHALSKI A, et al. The "in-flame-reaction" method for Al_2O_3 aerosol formation[J]. Journal of Aerosol Science, 1977, 8(4): 219-230.

[85] AZURDIA J A, MCCRUM A, LAINE R M. Systematic synthesis of mixed-metal oxides in NiO-Co_3O_4, NiO-MoO_3, and NiO-CuO systems via liquid-feed flame spray pyrolysis[J]. Journal of Materials Chemistry, 2008, 18(27): 3249-3258.

[86] BICKMORE C R, WALDNER K F, BARANWAL R, et al. Ultrafine titania by flame spray pyrolysis of a titanatrane complex[J]. Journal of the European Ceramic Society, 1998, 18(4): 287-297.

[87] KIM S, GISLASON J J, MORTON R W, et al. Liquid-feed flame spray pyrolysis of nanopowders in the alumina-titania system[J]. Chemistry of Materials, 2004, 16(12): 2336-2343.

[88] LAINE RM, MARCHAL J, SUN H, et al. A new $Y_3Al_5O_{12}$ phase produced by liquid-feed flame spray pyrolysis (LF-FSP) [J]. Advanced Materials, 2005, 17 (7): 830-833.

[89] HINKLIN T R, AZURDIA J, MIN K, et al. Finding spinel in all the wrong places [J]. Advanced Materials, 2008, 20(7): 1373-1375.

[90] STROBEL R, MÄDLER L, PIACENTINI M, et al. Two-nozzle flame synthesis of Pt/Ba/Al_2O_3 for NO_x storage [J]. Chemistry of Materials, 2006, 18 (10): 2532-2537.

[91] MÄDLER L, KAMMLER H K, MUELLER R, et al. Controlled synthesis of nanostructured particles by flame spray pyrolysis[J]. Journal of Aerosol Science, 2002, 33(2): 369-389.

[92] GRÖHN A J, PRATSINIS S E, WEGNER K. Fluid-particle dynamics during combustion spray aerosol synthesis of ZrO_2 [J]. Chemical Engineering Journal, 2012, 191: 491-502.

[93] RAMAN V, FOX R O. Modeling of fine-particle formation in turbulent flames

[J]. Annual Review of Fluid Mechanics,2016,48(1): 159-190.

[94] WICK A,NGUYEN T T,LAURENT F,et al. Modeling soot oxidation with the extended quadrature method of moments[J]. Proceedings of the Combustion Institute,2017,36(1): 789-797.

[95] MEHTA M, RAMAN V, FOX R O. On the role of gas-phase and surface chemistry in the production of titania nanoparticles in turbulent flames[J]. Chemical Engineering Science,2013,104: 1003-1018.

[96] MURAYAMA M,KOJIMA S,UCHIDA K. Uniform deposition of diamond films using a flat flame stabilized in the stagnation-point flow[J]. Journal of Applied Physics,1991,69(11): 7924-7926.

[97] MURAYAMA M,UCHIDA K. Synthesis of uniform diamond films by flat flame combustion of acetylene/hydrogen/oxygen mixtures[J]. Combustion and Flame, 1992,91(3-4): 239-245.

[98] THIMSEN E, RASTGAR N, BISWAS P. Nanostructured TiO_2 films with controlled morphology synthesized in a single step process: Performance of dye-sensitized solar cells and photo watersplitting[J]. The Journal of Physical Chemistry C,2008,112(11): 4134-4140.

[99] XIONG G, KULKARNI A, DONG Z, et al. Electric-field-assisted stagnation-swirl-flame synthesis of porous nanostructured titanium-dioxide films[J]. Proceedings of the Combustion Institute,2017,36(1): 1065-1075.

[100] WANG J, LI S, YAN W, et al. Synthesis of TiO_2 nanoparticles by premixed stagnation swirl flames[J]. Proceedings of the Combustion Institute, 2011, 33(2): 1925-1932.

[101] ZHANG Y,LI S Q, DENG S, et al. Direct synthesis of nanostructured TiO_2 films with controlled morphologies by stagnation swirl flames[J]. Journal of Aerosol Science,2012,44: 71-82.

[102] KIM K T,LEE D H,KWON S. Effects of thermal and chemical surface-flame interaction on flame quenching[J]. Combustion and Flame, 2006, 146(1-2): 19-28.

[103] DAOU J,MATALON M. Influence of conductive heat-losses on the propagation of premixed flames in channels[J]. Combustion and Flame, 2002, 128(4): 321-339.

[104] SCHWIEDERNOCH R, TISCHER S, CORREA C, et al. Experimental and numerical study on the transient behavior of partial oxidation of methane in a catalytic monolith[J]. Chemical Engineering Science,2003,58(3-6): 633-642.

[105] APPEL C,MANTZARAS J,SCHAEREN R,et al. Partial catalytic oxidation of methane to synthesis gas over rhodium: In situ Raman experiments and detailed simulations[J]. Proceedings of the Combustion Institute,2005,30(2): 2509-2517.

[106] REINKE M, MANTZARAS J, BOMBACH R, et al. Gas phase chemistry in catalytic combustion of methane/air mixtures over platinum at pressures of 1 to 16 bar[J]. Combustion and Flame, 2005, 141(4): 448-468.

[107] COLWELL J D, REZA A. Hot surface ignition of automotive and aviation fluids [J]. Fire Technology, 2005, 41(2): 105-123.

[108] MARUTA K, KATAOKA T, KIM N, et al. Characteristics of combustion in a narrow channel with a temperature gradient[J]. Proceedings of the Combustion Institute, 2005, 30(2): 2429-2436.

[109] PIZZA G, FROUZAKIS C E, Mantzaras J, et al. Dynamics of premixed hydrogen/air flames in mesoscale channels[J]. Combustion and Flame, 2008, 155 (1-2): 2-20.

[110] DRAKE M C, HAWORTH D C. Advanced gasoline engine development using optical diagnostics and numerical modeling[J]. Proceedings of the Combustion Institute, 2007, 31: 99-124.

[111] EPSTEIN A H. Aircraft engines' needs from combustion science and engineering[J]. Combustion and Flame, 2012, 159(5): 1791-1792.

[112] HASSE C, BOLLIG M, PETERS N, et al. Quenching of laminar iso-octane flames at cold walls[J]. Combustion and Flame, 2000, 122(1-2): 117-129.

[113] LIBBY P A, WILLIAMS F A. Strained premixed laminar flames under nonadiabatic conditions[J]. Combustion Science and Technology, 1983, 31(1-2): 1-42.

[114] EGOLFOPOULOS F N, ZHANG H, ZHANG Z. Wall effects on the propagation and extinction of steady, strained, laminar premixed flames [J]. Combustion and Flame, 1997, 109(1-2): 237-252.

[115] WESTBROOK C K, ADAMCZYK A A, LAVOIE G A. A numerical study of laminar flame wall quenching[J]. Combustion and Flame, 1981, 40: 81-99.

[116] FOUCHER F, BURNEL S, MOUNAIM-ROUSSELLE C, et al. Flame wall interaction: Effect of stretch [J]. Experimental Thermal and Fluid Science, 2003, 27(4): 431-437.

[117] BOUST B, SOTTON J, LABUDA S A, et al. A thermal formulation for single-wall quenching of transient laminar flames[J]. Combustion and Flame, 2007, 149 (3): 286-294.

[118] SAGGAU B. Temperature profile measurements at head-on quenched flame fronts in confined CH_4/Air and CH_3OH/Air mixtures[J]. Proceedings of the Combustion Institute, 1985, 20(1): 1291-1297.

[119] FUYUTO T, KRONEMAYER H, LEWERICH B, et al. Temperature and species measurement in a quenching boundary layer on a flat-flame burner[J]. Experiments in Fluids, 2010, 49(4): 783-795.

[120] TAYEBI B, GALIZZI C, LEONE J F, et al. Topology structure and flame

surface density in flame-wall interaction[C]. 5th European Thermal-Sciences Conference, Eindhoven, 2008.

[121] GRUBER A, SANKARAN R, HAWKES E R, et al. Turbulent flame-wall interaction: A direct numerical simulation study[J]. Journal of Fluid Mechanics, 2010, 658: 5-32.

[122] HARDESTY D R, WEINBERG F J. Electrical control of particulate pollutants from flames[J]. Proceedings of the Combustion Institute, 1973, 14(1): 907-918.

[123] KATZ J L, HUNG C H. Initial studies of electric field effects on ceramic powder formation in flames[J]. Proceedings of the Combustion Institute, 1991, 23(1): 1733-1738.

[124] MORRISON P W, RAGHAVAN R, TIMPONE A J, et al. In situ Fourier transform infrared characterization of the effect of electrical fields on the flame synthesis of TiO_2 particles[J]. Chemistry of Materials, 1997, 9(12): 2702-2708.

[125] KAMMLER H K, PRATSINIS S E. Electrically-assisted flame aerosol synthesis of fumed silica at high production rates[J]. Chemical Engineering and Processing: Process Intensification, 2000, 39(3): 219-227.

[126] HYEON-LEE J, BEAUCAGE G, PRATSINIS S E, et al. Fractal analysis of flame-synthesized nanostructured silica and titania powders using small-angle X-ray scattering[J]. Langmuir, 1998, 14(20): 5751-5756.

[127] ZHAO H, LIU X, TSE S D. Control of nanoparticle size and agglomeration through electric-field-enhanced flame synthesis [J]. Journal of Nanoparticle Research, 2008, 10(6): 907-923.

[128] CHATTOCK A P. On the velocity and mass of the ions in the electric wind in air[J]. The London, Edinburgh, and Dublin Philosophical Magazine and Journal of Science, 1899, 48(294): 401-420.

[129] SUN W, WON S H, JU Y. In situ plasma activated low temperature chemistry and the S-curve transition in DME/oxygen/helium mixture[J]. Combustion and Flame, 2014, 161(8): 2054-2063.

[130] YANG S, GAO X, YANG V, et al. Nanosecond pulsed plasma activated C_2H_4/O_2/Ar mixtures in a flow reactor[J]. Journal of Propulsion and Power, 2016, 32(5): 1-13.

[131] WANG Z H, YANG L, LI B, et al. Investigation of combustion enhancement by ozone additive in CH_4/air flames using direct laminar burning velocity measurements and kinetic simulations[J]. Combustion and Flame, 2012, 159(1): 120-129.

[132] LI T, ADAMOVICH I V., SUTTON J A. Effects of non-equilibrium plasmas on low-pressure, premixed flames. Part 1: CH^* chemiluminescence, temperature, and OH[J]. Combustion and Flame, 2016, 165: 50-67.

[133] GOLDBERG B M, SHKURENKOV I, ADAMOVICH I V, et al. Electric field in an AC dielectric barrier discharge overlapped with a nanosecond pulse discharge [J]. Plasma Sources Science and Technology, 2016, 25(4): 45008.

[134] LACOSTE D A, MOECK J P, DUROX D, et al. Effect of nanosecond repetitively pulsed discharges on the dynamics of a swirl-stabilized lean premixed flame[J]. Journal of Engineering for Gas Turbines and Power, 2013, 135 (10): 101501.

[135] CASTELA M, FIORINA B, COUSSEMENT A, et al. Modelling the impact of non-equilibrium discharges on reactive mixtures for simulations of plasma-assisted ignition in turbulent flows[J]. Combustion and Flame, 2016, 166: 133-147.

[136] PILLA G, GALLEY D, LACOSTE D A, et al. Stabilization of a turbulent premixed flame using a nanosecond repetitively pulsed plasma[J]. IEEE Transactions on Plasma Science, 2006, 34(6): 2471-2477.

[137] STANCU G D, KADDOURI F, LACOSTE D A, et al. Atmospheric pressure plasma diagnostics by OES, CRDS and TALIF[J]. Journal of Physics D: Applied Physics, 2010, 43(12): 124002.

[138] DREWS A M, CADEMARTIRI L, CHEMAMA M L, et al. AC electric fields drive steady flows in flames[J]. Physical Review E, 2012, 86(3): 36314.

[139] REN Y, CUI W, LI S. Electrohydrodynamic instability of premixed flames under manipulations of dc electric fields[J]. Physical Review E, 2018, 97(1): 13103.

[140] LAWTON J, WEINBERG F J. Maximum ion currents from flames and the maximum practical effects of applied electric fields[J]. Proceedings of the Royal Society of London A: Mathematical, Physical and Engineering Sciences, 1964, 277(1371): 468-497.

[141] XIONG Y, PARK D G, LEE B J, et al. DC field response of one-dimensional flames using an ionized layer model[J]. Combustion and Flame, 2016, 163(4): 317-325.

[142] BORGATELLI F, DUNN-RANKIN D. Behavior of a small diffusion flame as an electrically active component in a high-voltage circuit[J]. Combustion and Flame, 2012, 159(1): 210-220.

[143] CARLETON F B, WEINBERG F J. Electric field-induced flame convection in the absence of gravity[J]. Nature, 1987, 330(6149): 635-636.

[144] SANG M L, CHEOL S P, MIN S C, et al. Effect of electric fields on the liftoff of nonpremixed turbulent jet flames[J]. IEEE Transactions on Plasma Science, 2005, 33(5): 1703-1709.

[145] KIM M K, CHUNG S H, KIM H H. Effect of electric fields on the stabilization of premixed laminar bunsen flames at low AC frequency: Bi-ionic wind effect

[J]. Combustion and Flame, 2012, 159(3): 1151-1159.

[146] KIM M K, RYU S K, WON S H, et al. Electric fields effect on liftoff and blowoff of nonpremixed laminar jet flames in a coflow[J]. Combustion and Flame, 2010, 157(1): 17-24.

[147] WISMAN D, MARCUM S, GANGULY B. Electrical control of the thermodiffusive instability in premixed propane-air flames[J]. Combustion and Flame, 2007, 151(4): 639-648.

[148] SCHMIDT J, KOSTKA S, ROY S, et al. kHz-rate particle-image velocimetry of induced instability in premixed propane/air flame by millisecond pulsed current-voltage[J]. Combustion and Flame, 2013, 160(2): 276-284.

[149] MARCUM S, GANGULY B. Electric-field-induced flame speed modification[J]. Combustion and Flame, 2005, 143(1-2): 27-36.

[150] BELHI M, DOMINGO P, VERVISCH P. Direct numerical simulation of the effect of an electric field on flame stability[J]. Combustion and Flame, 2010, 157(12): 2286-2297.

[151] SÁNCHEZ-SANZ M, MURPHY D C, FERNANDEZ-PELLO C. Effect of an external electric field on the propagation velocity of premixed flames[J]. Proceedings of the Combustion Institute, 2015, 35(3): 3463-3470.

[152] SNELLING D R, LINK O, THOMSON K A, et al. Measurement of soot morphology by integrated LII and elastic light scattering[J]. Applied Physics B: Lasers and Optics, 2011, 104(2): 385-397.

[153] BERG M J, HILL S C, PAN Y, et al. Two-dimensional Guinier analysis: Application to single aerosol particles in-flight[J]. Optics express, 2010, 18(22): 23343-23352.

[154] YANG Y A, XIA P, JUNKIN A L, et al. Direct ejection of clusters from nonmetallic solids during laser vaporization[J]. Physical Review Letters, 1991, 66(9): 1205-1208.

[155] OMENETTO N, HAHN D W. Laser-induced breakdown spectroscopy(LIBS), Part I: Review of basic diagnostics and plasma-particle interactions: still-challenging issues within the analytical plasma community[J]. Applied Spectroscopy, 2010, 64(12): 335-366.

[156] THOMSON D S, MURPHY D M. Laser-Induced Ion Formation Thresholds of Aerosol-Particles in a Vacuum[J]. Applied Optics, 1993, 32(33): 6818-6826.

[157] CHOI J H, STIPE C B, KOSHLAND C P, et al. NaCl particle interaction with 193-nm light: Ultraviolet photofragmentation and nanoparticle production[J]. Journal of Applied Physics, 2005, 97(12): 124315.

[158] LISEYKINA T V, BAUER D. Plasma-formation dynamics in intense laser-droplet interaction[J]. Physical Review Letters, 2013, 110(14): 1-5.

[159] FENNEL T, MEIWES-BROER K H, TIGGESBÄUMKER J, et al. Laser-driven nonlinear cluster dynamics[J]. Reviews of Modern Physics, 2010, 82(2): 1793-1842.

[160] SAALMANN U, SIEDSCHLAG C, ROST J M. Mechanisms of cluster ionization in strong laser pulses[J]. Journal of Physics B: Atomic, Molecular and Optical Physics, 2006, 39(4): R39-R77.

[161] BOSTEDT C, EREMINA E, RUPP D, et al. Ultrafast X-ray scattering of xenon nanoparticles: Imaging transient states of matter[J]. Physical Review Letters, 2012, 108(9): 1-5.

[162] DORCHIES F, BLASCO F, BONTÉ C, et al. Observation of subpicosecond X-ray emission from laser-cluster interaction[J]. Physical Review Letters, 2008, 100(20): 1-4.

[163] FENNEL T, RAMUNNO L, BRABEC T. Highly charged ions from laser-cluster interactions: Local-field-enhanced impact ionization and frustrated electron-ion recombination[J]. Physical Review Letters, 2007, 99(23): 1-4.

[164] DITMIRE T, DONNELLY T, RUBENCHIK A, et al. Interaction of intense laser pulses with atomic clusters[J]. Physical Review A, 1996, 53(5): 3379-3402.

[165] KELDYSH L V. Ionization in the field of a strong electromagnetic wave[J]. Soviet Physics JETP, 1965, 20(5): 1307-1314.

[166] HOLWAY L H. High-frequency breakdown in ionic crystals[J]. Journal of Applied Physics, 1974, 45(2): 677-683.

[167] ATUTOV S N, BALDINI W, BIANCALANA V, et al. Explosive vaporization of metallic sodium microparticles by CW resonant laser radiation[J]. Physical Review Letters, 2001, 87(21): 215002.

[168] MURAKAMI Y, SUGATANI T, NOSAKA Y. Laser-induced incandescence study on the metal aerosol particles as the effect of the surrounding gas medium[J]. Journal of Physical Chemistry A, 2005, 109(40): 8994-9000.

[169] LI X, BECK R D, WHETTEN R L. Photon-stimulated ejection of atoms from alkali-halide nanocrystals[J]. Physical Review Letters, 1992, 68: 3420-3423.

[170] SCHOU J, RISØ. Laser-beam interactions with materials: Physical principles and applications[M]. Berlin: Springer Science & Business Media, 1997.

[171] REDDY K M, GOPAL C V, MANORAMA S V. Preparation, characterization, and spectral studies on nanocrystalline anatase TiO_2[J]. Journal of Solid State Chemistry, 2001, 158(2): 180-186.

[172] SPARKS M, MILLS D L, WARREN R, et al. Theory of electron-avalanche breakdown in solids[J]. Physical Review B, 1981, 24(6): 3519-3536.

[173] FRÖHLICH H. Theory of electrical breakdown in ionic crystals[J]. Proceedings of the Royal Society of London A: Mathematical, Physical and Engineering

Sciences,1937,160: 230-241.

[174] CALLEN H B. Electric breakdown in ionic crystals[J]. Physical Review,1949,76(9): 1394-1402.

[175] RAMAN R K, MURDICK R A, WORHATCH R J, et al. Electronically driven fragmentation of silver nanocrystals revealed by ultrafast electron crystallography[J]. Physical Review Letters,2010,104(12): 2-5.

[176] WANG Y, HERRON N. Nanometer-sized semiconductor clusters: Materials synthesis, quantum size effects, and photophysical properties[J]. Journal of Physical Chemistry,1991,95(2): 525-532.

[177] ENRIGHT B, FITZMAURICE D. Spectroscopic determination of electron and hole effective masses in a nanocrystalline semiconductor film[J]. Journal of Physical Chemistry,1996,100(3): 1027-1035.

[178] REN Y, ZHANG Y, LI S, et al. Doping mechanism of Vanadia/Titania nanoparticles in flame synthesis by a novel optical spectroscopy technique[J]. Proceedings of the Combustion Institute,2015,35(2): 2283-2289.

[179] LI B A, CATTANEO D, RUSSO V, et al. Raman spectroscopy characterization of titania nanoparticles produced by flame pyrolysis: The influence of size and stoichiometry[J]. Journal of Applied Physics,2005,98(7): 074305.

[180] VANDER W R L, TICICH T M, WEST J R. Laser-induced incandescence applied to metal nanostructures[J]. Applied Optics,1999,38(27): 5867-5879.

[181] SIPKENS T A, MANSMANN R, DAUN K J, et al. In situ nanoparticle size measurements of gas-borne silicon nanoparticles by time-resolved laser-induced incandescence[J]. Applied Physics B: Lasers and Optics, 2014, 116(3): 623-636.

[182] GOLDENSTEIN C S, SCHULTZ I A, JEFFRIES J B, et al. Two-color absorption spectroscopy strategy for measuring the column density and path average temperature of the absorbing species in nonuniform gases[J]. Applied Optics,2013,52(33): 7950-7962.

[183] GOLDENSTEIN C S, STRAND C L, SCHULTZ I A, et al. Fitting of calibration-free scanned-wavelength-modulation spectroscopy spectra for determination of gas properties and absorption lineshapes[J]. Applied Optics,2014,53(3): 356-367.

[184] CAI W, KAMINSKI C F. Multiplexed absorption tomography with calibration-free wavelength modulation spectroscopy[J]. Applied Physics Letters,2014,104(15): 2012-2017.

[185] QU Z, SCHMIDT F M. In situ H_2O and temperature detection close to burning biomass pellets using calibration-free wavelength modulation spectroscopy[J]. Applied Physics B: Lasers and Optics,2015,119(1): 45-53.

[186] SMITH C H, GOLDENSTEIN C S, HANSON R K, et al. A scanned-wavelength-

modulation absorption-spectroscopy sensor for temperature and H_2O in low-pressure flames[J]. Measurement Science and Technology, 2014, 25(11): 115501.

[187] ZAKREVSKYY Y, RITSCHEL T, DOSCHE C, et al. Quantitative calibration- and reference-free wavelength modulation spectroscopy[J]. Infrared Physics and Technology, 2012, 55(2-3): 183-190.

[188] DUFFIN K, MCGETTRICK A J, JOHNSTONE W, et al. Tunable diode-laser spectroscopy with wavelength modulation: A calibration-free approach to the recovery of absolute gas absorption line shapes [J]. Journal of Lightwave Technology, 2007, 25(10): 3114-3125.

[189] MA L, CAI W, CASWELL A W, et al. Tomographic imaging of temperature and chemical species based on hyperspectral absorption spectroscopy [J]. Optics Express, 2009, 17(10): 8602-8613.

[190] MA L, CAI W. Numerical investigation of hyperspectral tomography for simultaneous temperature and concentration imaging[J]. Applied Optics, 2008, 47(21): 3751-3759.

[191] NORI V N, SCITZMAN J M. CH^* chemiluminescence modeling for combustion diagnostics[J]. Proceedings of the Combustion Institute, 2009, 32(1): 895-903.

[192] COOL T A, TJOSSEM P J H. Direct observations of chemi-ionization in hydrocarbon flames enhanced by laser excited CH^* ($A^2\Delta$) and CH^* ($B^2\Sigma^-$) [J]. Chemical Physics Letters, 1984, 111(1-2): 82-88.

[193] WANG J, SONG Y, LI Z, et al. Multi-directional 3D flame chemiluminescence tomography based on lens imaging[J]. Optics Letters, 2015, 40(7): 1231-1234.

[194] LI X, MA L. Volumetric imaging of turbulent reactive flows at kHz based on computed tomography[J]. Optics Express, 2014, 22(4): 4768-4778.

[195] CAI W, EWING D J, MA L. Application of simulated annealing for multispectral tomography[J]. Computer Physics Communications, 2008, 179(4): 250-255.

[196] FLOYD J, KEMPF A M. Computed Tomography of Chemiluminescence (CTC): High resolution and instantaneous 3-D measurements of a Matrix burner[J]. Proceedings of the Combustion Institute, 2011, 33(1): 751-758.

[197] FLOYD J, GEIPEL P, KEMPF A M. Computed Tomography of Chemiluminescence (CTC): Instantaneous 3D measurements and Phantom studies of a turbulent opposed jet flame[J]. Combustion and Flame, 2011, 158(2): 376-391.

[198] MA L, LEI Q, WU Y, et al. From ignition to stable combustion in a cavity flameholder studied via 3D tomographic chemiluminescence at 20 kHz [J]. Combustion and Flame, 2016, 165: 1-10.

[199] HUDSON H M, LARKIN R S. Accelerated image reconstruction using ordered subsets of projection data[J]. IEEE Transactions on Medical Imaging, 1994, 13(4): 601-609.

[200] KANG M,WU Y,MA L. Fiber-based endoscopes for 3D combustion measurements: View registration and spatial resolution[J]. Combustion and Flame,2014,161(12):3063-3072.

[201] OKUYAMA K, USHIO R, KOUSAKA Y, et al. Particle generation in a chemical vapor deposition process with seed particles[J]. Aiche Journal,1990,36(3):409-419.

[202] SETO T,SHIMADA M,OKUYAMA K. Evaluation of sintering of nanometer-sized Titania using aerosol method[J]. Aerosol Science and Technology,1995,23(2):183-200.

[203] BATTISTON G A,GERBASI R,PORCHIA M,et al. Metal organic CVD of nanostructured composite TiO_2-Pt thin films: A kinetic approach[J]. Chemical Vapor Deposition,1999,5(1):13-20.

[204] TSANTILIS S. Population balance modeling of flame synthesis of titania nanoparticles[J]. Chemical Engineering Science,2002,57(12):2139-2156.

[205] EHRMAN S H,FRIEDLANDER S K,ZACHARIAH M R. Characteristics of SiO_2/TiO_2 nanocomposite particles formed in a premixed flat flame[J]. Journal of Aerosol Science,1998,29(5-6):687-706.

[206] KUWANA K,SAITO K. Modeling ferrocene reactions and iron nanoparticle formation: Application to CVD synthesis of carbon nanotubes[J]. Proceedings of the Combustion Institute,2007,31:1857-1864.

[207] BHATTACHARJEE A,ROOJ A,ROY D,et al. Thermal decomposition study of ferrocene [$(C_5H_5)_2Fe$] [J]. Journal of Experimental Physics,2014,2014:1-8.

[208] GALEMBECK A,ALVES O L. Bismuth vanadate synthesis by metallo-organic decomposition: Thermal decomposition study and particle size control[J]. Journal of Materials Science,2002,37(10):1923-1927.

[209] ZHAO R Y,DONG P,LIANG W J. Study of the hydrolysis kinetics of tetraethyl orthosilicate in the preparation of monodisperse silica system[J]. Acta Physico-Chimica Sinica,1995,11(7):612-616.

[210] ULRICH G D. Theory of particle formation and growth in oxide synthesis flames[J]. Combustion Science and Technology,1971,4(1):47-57.

[211] FÜRI M,PAPAS P,RAÏS R M,et al. The effect of flame position on the Kelvin-Helmholtz instability in non-premixed jet flames[J]. Proceedings of the Combustion Institute,2002,29:1653-1661.

[212] JOCHER A,PITSCH H,GOMEZ T,et al. Combustion instability mitigation by magnetic fields[J]. Physical Review E,2017,95(6):63113.

[213] WANG H. Formation of nascent soot and other condensed-phase materials in flames[J]. Proceedings of the Combustion Institute,2011,33(1):41-67.

[214] WELLER H G, TABOR G, JASAK H, et al. A tensorial approach to computational continuum mechanics using object-oriented techniques [J]. Computers in Physics, 1998, 12(6): 620-631.

[215] SIROVICH L. Turbulence and the dynamics of coherent structures. Ⅱ. Symmetries and transformations[J]. Quarterly of Applied Mathematics, 1987, 45(3): 573-582.

[216] BERKOOZ G, HOLMES P, LUMLEY J L. The proper orthogonal decomposition in the analysis of turbulent flows[J]. Annual Review of Fluid Mechanics, 1993, 25(1): 539-575.

[217] MIQUEL P F, HUNG C H, KATZ J L. Formation of V_2O_5-based mixed oxides in flames[J]. Journal of Materials Research, 1993, 8(9): 2404-2413.

[218] STARK W J, WEGNER K, PRATSINIS S E, et al. Flame aerosol synthesis of vanadia-titania nanoparticles: Structural and catalytic properties in the selective catalytic reduction of NO by NH_3 [J]. Journal of Catalysis, 2001, 197(1): 182-191.

[219] STROBEL R, PRATSINIS S E. Flame aerosol synthesis of smart nanostructured materials[J]. Journal of Materials Chemistry, 2007, 17(45): 4743-4756.

[220] SCHIMMOELLER B, SCHULZ H, RITTER A, et al. Structure of flame-made vanadia/titania and catalytic behavior in the partial oxidation of o-xylene[J]. Journal of Catalysis, 2008, 256(1): 74-83.

[221] CREMERS D A, RADZIEMSKI L J. Handbook of laser-induced breakdown spectroscopy[M]. 2nd Ed. New Jersey: John Wiley & Sons, 2013.

[222] EPPLER A S, CREMERS D A, HICKMOTT D D, et al. Matrix effects in the detection of Pb and Ba in soils using laser-induced breakdown spectroscopy[J]. Applied Spectroscopy, 1996, 50(9): 1175-1181.

[223] REYES-CORONADO D, RODRÍGUEZ-GATTORNO G, ESPINOSA-PESQUEIRA M E, et al. Phase-pure TiO_2 nanoparticles: Anatase, brookite and rutile[J]. Nanotechnology, 2008, 19(14): 145605.

[224] REDDY K M, MANORAMA S V, Reddy A R. Bandgap studies on anatase titanium dioxide nanoparticles[J]. Materials Chemistry and Physics, 2003, 78(1): 239-245.

[225] ASHOUR A, EL-SAYED N Z. Physical properties of V_2O_5 sprayed films[J]. Journal of Optoelectronics and Advanced Materials, 2009, 11(3): 251-256.

[226] ISLAM M M, BREDOW T, GERSON A. Electronic properties of vanadium-doped TiO_2[J]. ChemPhysChem, 2011, 12(17): 3467-3473.

[227] MEMARZADEH S, TOLMACHOFF E D, PHARES D J, et al. Properties of nanocrystalline TiO_2 synthesized in premixed flames stabilized on a rotating surface[J]. Proceedings of the Combustion Institute, 2011, 33(2): 1917-1924.

[228] FUCHS N A. On the stationary charge distribution on aerosol particles in a bipolar ionic atmosphere[J]. Geofisica Pura E Applicata,1963,56(1): 185-193.

[229] PUI D Y H, FRUIN S, MCMURRY P H. Unipolar diffusion charging of ultrafine aerosols[J]. Aerosol Science and Technology,1988,8(2): 173-187.

[230] FUCHS N A, SUTUGIN A G. High-Dispersed Aerosols [M]//Topics in Current Aerosols Research. Oxford: Pergamon Press,1971.

[231] HAMMACK S,KOSTKA S,LYNCH A,et al. Simultaneous 10-kHz PLIF and chemiluminescence imaging of OH radicals in a microwave plasma-enhanced flame[J]. IEEE Transactions on Plasma Science,2013,41(12): 3279-3286.

[232] WOLK B,DEFILIPPO A,CHEN J Y,et al. Enhancement of flame development by microwave-assisted spark ignition in constant volume combustion chamber [J]. Combustion and Flame,2013,160(7): 1225-1234.

[233] Kuhl J,Jovicic G,Zigan L,et al. Influence of electric fields on premixed laminar flames: Visualization of perturbations and potential for suppression of thermoacoustic oscillations[J]. Proceedings of the Combustion Institute,2015,35(3): 3521-3528.

[234] KIM W, SNYDER J, COHEN J. Plasma assisted combustor dynamics control [J]. Proceedings of the Combustion Institute,2015,35(3): 3479-3486.

[235] TOGAI K,TSOLAS N,YETTER R A. Kinetic modeling and sensitivity analysis of plasma-assisted oxidation in a $H_2/O_2/Ar$ mixture [J]. Combustion and Flame,2016,164: 239-249.

[236] ZHAO F,LI S,REN Y,et al. Investigation of mechanisms in plasma-assisted ignition of dispersed coal particle streams[J]. Fuel,2016,186: 518-524.

[237] VOLKOV E N,KORNILOV V N,DE GOEY L P H. Experimental evaluation of DC electric field effect on the thermoacoustic behaviour of flat premixed flames[J]. Proceedings of the Combustion Institute,2013,34(1): 955-962.

[238] LACOSTE D A,XIONG Y,MOECK J P,et al. Transfer functions of laminar premixed flames subjected to forcing by acoustic waves,AC electric fields,and non-thermal plasma discharges[J]. Proceedings of the Combustion Institute, 2017,36(3): 4183-4192.

[239] WON S H,CHA M S,PARK C S,et al. Effect of electric fields on reattachment and propagation speed of tribrachial flames in laminar coflow jets[J]. Proceedings of the Combustion Institute,2007,31: 963-970.

[240] SCHMIDT J,GANGULY B. Effect of pulsed,sub-breakdown applied electric field on propane/air flame through simultaneous OH/acetone PLIF [J]. Combustion and Flame,2013,160(12): 2820-2826.

[241] ZHANG Y, BRAY K N C. Characterization of impinging jet flames [J]. Combustion and Flame,1999,116: 671-674.

[242] SCHULLER T,DUROX D,CANDEL S. Dynamics of and noise radiated by a

perturbed impinging premixed jet flame[J]. Combustion and Flame, 2002, 128(1-2): 88-110.

[243] CLAVIN P, SIGGIA E D. Turbulent premixed flames and sound generation[J]. Combustion Science and Technology, 1991, 78(1-3): 147-155.

[244] XU K G. Plasma sheath behavior and ionic wind effect in electric field modified flames[J]. Combustion and Flame, 2014, 161(6): 1678-1686.

[245] FIALKOV A. Investigations on ions in flames[J]. Progress in Energy and Combustion Science, 1997, 23: 399-528.

[246] MAUPIN C L, HARRIS H H. Electrical perturbation of cellular premixed propane/air flames[J]. Combustion and Flame, 1994, 97(3-4): 435-439.

[247] GOTODA H, MIYANO T, SHEPHERD I G. Dynamic properties of unstable motion of swirling premixed flames generated by a change in gravitational orientation[J]. Physical Review E, 2010, 81(2): 26211.

[248] LAW C K. Combustion physics[M]. Cambridge: Cambridge University Press, 2006.

[249] PRAGER J, RIEDEL U, WARNATZ J. Modeling ion chemistry and charged species diffusion in lean methane-oxygen flames[J]. Proceedings of the Combustion Institute, 2007, 31(1): 1129-1137.

[250] GOODINGS J M, BOHME D K, N G C W. Detailed ion chemistry in methane-oxygen flames. Ⅱ. Negative ions[J]. Combustion and Flame, 1979, 36: 45-62.

[251] SETHNA J P, DAHMEN K, KARTHA S, et al. Hysteresis and hierarchies: Dynamics of disorder-driven first-order phase transformations[J]. Physical Review Letters, 1993, 70(21): 3347-3350.

[252] CRARY F J, CLARKE J T, DOUGHERTY M K, et al. Solar wind dynamic pressure and electric field as the main factors controlling Saturn's aurorae[J]. Nature, 2005, 433(7027): 720-722.

[253] BERGTHORSON J M, SONE K, MATTNER T W, et al. Impinging laminar jets at moderate Reynolds numbers and separation distances[J]. Physical Review E, 2005, 72(6): 066307.

发表的学术论文

[1] **REN Y H**, CUI W, LI S Q. Electro-hydrodynamic instability of premixed flames under manipulations of DC electric fields[J]. Physical Review E, 2018, 97(1): 013103. SCI 收录 WOS:000419323100006,影响因子:2.366.

[2] **REN Y H**, LI S Q, CUI W, et al. Low-frequency AC electric field induced thermoacoustic oscillation of a premixed stagnation flame[J]. Combustion and Flame, 2017, 176: 479-488. SCI 收录 WOS:000395497700044,影响因子:3.663.

[3] **REN Y H**, LI S Q, ZHANG Y Y, et al. Absorption-ablation-excitation mechanism of laser-cluster interactions in a nanoaerosol system[J]. Physical Review Letters, 2015, 114: 093401. SCI 收录 WOS:000350850100005,影响因子:8.462.

[4] **REN Y H**, ZHANG Y Y, LI S Q, et al. Law. Doping mechanism of Vanadia/Titania nanoparticles in flame synthesis by a novel optical spectroscopy technique[J]. Proceeding of the Combustion Institute, 2015, 35(2): 2283-2289. SCI 收录 WOS: 000348048800132,影响因子:3.214.

[5] LI S Q, **REN Y H**, BISWAS P, et al. Tse. Flame aerosol synthesis of nanostructured materials and functional devices: Processing, modeling, and diagnostics [J]. Progress in Energy and Combustion Science, 2016, 55: 1-59. SCI 收录 WOS: 000378443400001,影响因子:17.382.

[6] MAO Q, **REN Y H**, LUO K H, et al. Dynamics and Kinetics of Reversible Homo-molecular Dimerization of Polycyclic Aromatic Hydrocarbons [J]. Journal of Chemical Physics, 2017, 147(24): 244305. SCI 收录 WOS:000418896800021,影响因子:2.965.

[7] MAO Q, **REN Y H**, LUO K H, et al. Sintering-Induced Phase Transformation of Nanoparticles: A Molecular Dynamics Study [J]. The Journal of Physical Chemistry C, 2015, 119(51): 28631-28639. SCI 收录 WOS:000367561700044,影响因子:4.536.

[8] ZHANG Y Y, LI S Q, **REN Y H**, et al. Two-dimensional imaging of gas-to-particle transition in flames by laser-induced nanoplasmas[J]. Applied Physical Letters, 2014, 104(2): 023115. SCI 收录 WOS:000330431000103,影响因子:3.341.

[9] ZHANG Y Y, LI S Q, **REN Y H**, et al. A new diagnostic for volume fraction measurement of metal-oxide nanoparticles in flames using phase-selective laser-induced breakdown spectroscopy[J]. Proceeding of the Combustion Institute,

2015,35(3),3681-3688. SCI 收录 WOS:000348049500138,影响因子:3.214.

[10] ZHAO F X, LI S Q, **REN Y H**, et al. Investigation of mechanisms in plasma-assisted ignition of dispersed coal particle streams[J]. Fuel, 186(15): 518-524. SCI 收录 WOS:000385318600052,影响因子:4.601.

[11] **REN Y H**, ZHANG Y Y, LI S Q. Single-shot two-dimensional measurement of nanoparticles in turbulent jet-diffusion flames using phase-selective laser-induced breakdown spectroscopy[J]. Proceeding of the Combustion Institute. 已接收作口头报告,影响因子:3.214.

[12] **REN Y H**, WEI J L, LI S Q. In-situ laser diagnostic of nanoparticle formation and transport behavior in flame aerosol deposition. Proceeding of the Combustion Institute, 2019, 37(1): 935-942. 影响因子:3.214.

[13] **任翊华**,李水清,张易阳,等. 非均相燃烧的在线光学诊断[C]. 西安:工程热物理年会,2014.

[14] **任翊华**,张易阳,李水清. 平面火焰合成钛基纳米颗粒的在线光学诊断[C]. 重庆:工程热物理年会,2013.

致　谢

衷心感谢我的导师李水清教授对我的悉心帮助和教导。他对科研事业孜孜不倦的追求和发自内心的热爱,对科学问题细致入微的洞察和高瞻远瞩的见解,对学术尊严矢志不渝的坚持和知行合一的态度,一直令我由衷地敬仰。自大四起进入课题组的六年来,我时常庆幸于李老师对我在学术兴趣上的尊重和独立思考的鼓励。研究顺利时,他鼓励我独立开展实验和数据分析,同时又在严谨性和逻辑性方面为我严格把关;遇到困难时,他耐心地查找关键文献和我讨论,往往提出十分关键而中肯的建议,点拨我最终寻找到答案。特别是,他一直教导我在做基础科研时不忘实际工业需求,在面对工程问题时又要把握内在的物理机理,一直言传身教,要求我做到真正的“知行合一”,这令我受益匪浅。在日常生活中,李老师对学生时刻关心,本着负责任的态度对我进行全方位的训练。李老师以积极进取的心态对待生活,又平等地对待身边每一个人,践行清华校训,为我树立了极好的人生榜样。

衷心感谢美国弗吉尼亚大学的马林教授,在我到美国访问学习的一年时间内,马林老师在光学诊断技术和英文写作技巧方面无所保留地对我进行指导。在马林老师的课题组,我学会了吸收光谱和三维重构方法,令我终身受益。

衷心感谢姚强老师给我的诸多建议,姚老师严谨的科研思路、严密的逻辑思维,令我获益良多。同样感谢 PACE 组宋蔷老师和卓建坤老师对我的支持和帮助。

感谢我的师兄张易阳。他是我在科研上的领路人,一直以来对我倾囊相授,毫不藏私,我一直心怀感激。与他的科研合作是一个双向启发的过程,总是充满了新奇的发现和美妙的结果,和他一起做激光实验是我科研生涯中最快乐的时光。

衷心感谢在课堂给予我教导、点拨的蒲以康教授、Sébastien Candel 教授、Ronald Hanson 教授、Richard Yetter 教授等,在他们的课程上我获取了知识、拓宽了眼界。衷心感谢在国际会议上与我讨论、给予我启发的 Marshall

Long 教授、Stephen Tse 教授、Derek Dunn-Rankin 教授、Heinz Pitsch 教授、罗开红教授、陈正教授等。

感谢张海教授、陈正教授以及两位匿名评审人给我的论文提出的宝贵建议。

感谢我成长路上的小伙伴们，朱润儒、杨萌萌、宗毅晨、刘文巍、崔巍、陈晟、高琦、陶然、刘晨阳、卫吉丽、孙锦国等，以及在科研上给予我重要帮助的刘宁、Suhyeon Park、伍越、李春炎、熊渊、黄邦斗等。

感谢我的父母，作为我最坚实的后盾，你们对我长久以来的支持和包容，是我一直以来的前进动力。感谢我的妻子毛倩，谢谢你在我博士生涯里的陪伴，让我一直充满信心地走到现在，能与你相伴一生是我博士生涯收获的最大幸运。